Robotic Perspectives: Understanding and Implementing Modern Innovations

ரோபோடிக் கண்ணோட்டங்கள்: நவீன புதுமைகளை புரிந்து செயல்படுத்துதல்

Rohan Malhotra

TABLE OF CONTENTS

TABLE OF CONTENTS

- உலகளாவிய சவால்களை தீர்க்க ரோபோடிக்ஸ் திறன்
- மனித-ரோபோ ஒத்துழைப்பின் எதிர்காலம்
- விண்வெளி ஆய்வில் ரோபோடிக்ஸ் பங்கு
- singulariட்டி மற்றும் மனிதகுலத்தின் எதிர்காலம்

Chapter 1: Introduction to Robotics
அத்தியாயம் 1: ரோபோடிக்ஸ் அறிமுகம்

ரோபோடிக்ஸ் என்றால் என்ன?

ரோபோடிக்ஸ் என்பது இயந்திரங்கள் மற்றும் கணினி அறிவியலின் ஒரு கிளை ஆகும், இது மனிதர்களுக்குப் பதிலாக பணிகளைச் செய்யக்கூடிய இயந்திரங்களை உருவாக்குவதை நோக்கமாகக் கொண்டுள்ளது. ரோபோக்கள் பொதுவாக இயந்திரங்கள், சென்சார்கள், மற்றும் மென்பொருள் ஆகியவற்றால் ஆனவை. அவை பல்வேறு வடிவங்கள் மற்றும் அளவுகளில் வருகின்றன, மேலும் அவை பல்வேறு பணிகளைச் செய்யப் பயன்படுத்தப்படுகின்றன.

ரோபோடிக்ஸ் துறையில் பல துறைகள் உள்ளன, அவற்றில் சில:

- மெக்கானிக்கல் ரோபோடிக்ஸ்: இயந்திர கொள்கைகள் மற்றும் தொழில்நுட்பங்களைப் பயன்படுத்தி ரோபோக்களை வடிவமைத்தல் மற்றும் உற்பத்தி செய்தல்.

- கணினி ரோபோடிக்ஸ்: ரோபோக்களின் செயல்பாடுகளை கட்டுப்படுத்த மற்றும் கண்காணிக்க கணினி அறிவியலைப் பயன்படுத்துதல்.

* கண்டுபிடிப்பு ரோபோடிக்ஸ்: புதிய ரோபோக்களை உருவாக்குவதற்கான புதிய கொள்கைகள் மற்றும் தொழில்நுட்பங்களை உருவாக்குதல்.

ரோபோடிக்ஸ் என்பது ஒரு வேகமாக வளர்ந்து வரும் துறையாகும், இது நம் வாழ்க்கையில் பலவிதமான விளைவுகளை ஏற்படுத்தி வருகிறது. ரோபோக்கள் ஏற்கனவே உற்பத்தி, சேவைகள், மற்றும் போக்குவரத்து போன்ற பல்வேறு துறைகளில் பயன்படுத்தப்படுகின்றன. எதிர்காலத்தில், ரோபோக்கள் இன்னும் அதிகமான பணிகளைச் செய்யப் பயன்படுத்தப்படும் என்று எதிர்பார்க்கப்படுகிறது.

ரோபோக்களின் வகைகள்

ரோபோக்கள் பல வகையாகப் பிரிக்கப்படுகின்றன. அவற்றில் சில:

* கலவை ரோபோக்கள்: இந்த ரோபோக்கள் பல்வேறு செயல்களைச் செய்யக்கூடியவை. அவை பெரும்பாலும் உற்பத்தி மற்றும் சேவைகள் போன்ற பல்வேறு துறைகளில் பயன்படுத்தப்படுகின்றன.

* நிலையான ரோபோக்கள்: இந்த ரோபோக்கள் ஒரு இடத்தில் நிலையாக அமைக்கப்பட்டுள்ளன. அவை பெரும்பாலும்

உற்பத்தி மற்றும் ஆராய்ச்சி போன்ற பணிகளுக்குப் பயன்படுத்தப்படுகின்றன.

- மொபைல் ரோபோக்கள்: இந்த ரோபோக்கள் சுதந்திரமாக நகரும் திறன் கொண்டவை. அவை பெரும்பாலும் சேவைகள் மற்றும் போக்குவரத்து போன்ற பணிகளுக்குப் பயன்படுத்தப்படுகின்றன.

ரோபோக்களின் பயன்பாடுகள்

ரோபோக்கள் பல்வேறு வகையான பணிகளுக்குப் பயன்படுத்தப்படுகின்றன. அவற்றில் சில:

- உற்பத்தி: ரோபோக்கள் உற்பத்தி செயல்முறைகளை தானியங்குபடுத்துவதற்குப் பயன்படுத்தப்படுகின்றன. அவை மனிதர்களுக்கு ஆபத்தான அல்லது சலிப்பான பணிகளைச் செய்யலாம்.

- சேவைகள்: ரோபோக்கள் சேவைத் துறைகளில் பணிகளைச் செய்யப் பயன்படுத்தப்படுகின்றன. அவை உணவகம், சுகாதாரம், மற்றும் பாதுகாப்பு போன்ற துறைகளில் பயன்படுத்தப்படுகின்றன.

- போக்குவரத்து: ரோபோக்கள் போக்குவரத்து துறைகளில் பயன்படுத்தப்படுகின்றன. அவை

வாகனங்களை ஓட்டுதல், தயாரிப்புகளை ஏற்றுதல் மற்றும் இறக்குதல் போன்ற பணிகளைச் செய்யலாம்.

- கடற்படை: ரோபோக்கள் கடற்படையில் பயன்படுத்தப்படுகின்றன. அவை ஆழ்கடல் ஆராய்ச்சி, கடல் பாதுகாப்பு மற்றும் போர் போன்ற பணிகளுக்குப் பயன்படுத்தப்படுகின்றன.

- வானப்படை: ரோபோக்கள் வானப்படைகளில் பயன்படுத்தப்படுகின்றன. அவை ஆராய்ச்சி, உளவு மற்றும் போர் போன்ற பணிகளுக்குப் பயன்படுத்தப்படுகின்றன.

ரோபோடிக்ஸ் துறையில் எதிர்காலம்

ரோபோடிக்ஸ் துறையில் எதிர்காலம் மிகவும் பிரகாசமாக உள்ளது. ரோபோக்கள் நம் வாழ்க்கையில் இன்னும் அதிகமான பணிகளைச் செய்யப் பயன்படுத்தப்படும் என்று எதிர்பார்க்கப்படுகிறது.

ரோபோடிக்ஸ் வரலாற்று சுருக்கம்

ரோபோடிக்ஸ் என்பது இயந்திரங்கள் மற்றும் கணினி அறிவியலின் ஒரு கிளை ஆகும், இது மனிதர்களுக்குப் பதிலாக பணிகளைச் செய்யக்கூடிய இயந்திரங்களை உருவாக்குவதை நோக்கமாகக் கொண்டுள்ளது. ரோபோக்கள் பொதுவாக இயந்திரங்கள், சென்சார்கள், மற்றும் மென்பொருள் ஆகியவற்றால் ஆனவை. அவை பல்வேறு வடிவங்கள் மற்றும் அளவுகளில் வருகின்றன, மேலும் அவை பல்வேறு பணிகளைச் செய்யப் பயன்படுத்தப்படுகின்றன.

ரோபோடிக்ஸ் வரலாறு பல நூற்றாண்டுகளுக்கு முந்தையது. ரோபோக்களின் முதல் தோற்றம் கிரேக்க புராணக்கதைகளில் காணப்படுகிறது. கிரேக்க புராணங்களில், தெய்வங்கள் மற்றும் மக்கள் தங்கள் வேலைகளைச் செய்ய ரோபோக்களைப் பயன்படுத்தினர்.

ரோபோடிக்ஸ் பற்றிய அறிவியல் ஆய்வு 19 ஆம் நூற்றாண்டில் தொடங்கியது. 1800 ஆம் ஆண்டில், ஆங்கில பொறியாளர் ஜோசப் பிரெடரிக் வொட்சன் ஒரு ஆட்டோமேட்டிக் ஹார்மோனியம் உருவாக்கினார். இந்த இயந்திரம் இசைத் துண்டுகளைத் தானாகவே வாசிக்க முடியும்.

19 ஆம் நூற்றாண்டின் பிற்பகுதியில், அமெரிக்க பொறியாளர் ரிச்சர்ட் ஹார்வே ஹோர்ன் அசல் ஆட்டோமேட்டிக் துப்பாக்கியை உருவாக்கினார்.

இந்த துப்பாக்கி சுயாதீனமாக இலக்குகளை அடைய முடியும்.

20 ஆம் நூற்றாண்டில், ரோபோடிக்ஸ் துறையில் குறிப்பிடத்தக்க முன்னேற்றங்கள் ஏற்பட்டன. 1920 ஆம் ஆண்டில், செக் குடியரசைச் சேர்ந்த பொறியாளர் கார்ல் ஜென்ட்ரன் ஒரு ஆட்டோமேட்டிக் கார் உருவாக்கினார். இந்த கார் சுயாதீனமாக ஓட முடியும்.

1940 ஆம் ஆண்டில், அமெரிக்க பொறியாளர் ஜான் ஹென்றி மெக்கார்தி ஒரு ஆட்டோமேட்டிக் சரக்கு ஏற்றி இறக்கும் இயந்திரத்தை உருவாக்கினார். இந்த இயந்திரம் சரக்குகளை சுயாதீனமாக ஏற்றி இறக்க முடியும்.

1950 ஆம் ஆண்டில், சோவியத் அறிவியலாளர் வாசிலி இலியூசிச் கல்ட்ஷிகோவ் ஒரு ஆட்டோமேட்டிக் ரோபோவை உருவாக்கினார். இந்த ரோபோ ஒரு துண்டு உலோகத்தை வடிவமைக்க முடியும்.

1960 ஆம் ஆண்டில், அமெரிக்க அறிவியலாளர் மைக்ரோ சாரிப் ஒரு ஆட்டோமேட்டிக் ரோபோவை உருவாக்கினார். இந்த ரோபோ ஒரு துண்டு உலோகத்தை வெட்ட முடியும்.

1970 ஆம் ஆண்டில், ஜப்பான் ரோபோடிக்ஸ் துறையில் ஒரு முன்னணி நாடாக மாறியது.

ஜப்பானிய நிறுவனங்கள் பல வகையான ரோபோக்களை உருவாக்கத் தொடங்கின.

1980 ஆம் ஆண்டில், ரோபோக்கள் தொழில்துறையில் பரவலாகப் பயன்படுத்தத் தொடங்கின. ரோபோக்கள் உற்பத்தி செயல்முறைகளை தானியங்குபடுத்துவதற்குப் பயன்படுத்தப்பட்டன.

1990 ஆம் ஆண்டில், ரோபோக்கள் சேவைத் துறைகளில் பயன்படுத்தத் தொடங்கின. ரோபோக்கள் உணவகம், சுகாதாரம், மற்றும் பாதுகாப்பு போன்ற துறைகளில் பயன்படுத்தப்பட்டன.

2000 ஆம் ஆண்டில், ரோபோக்கள் போக்குவரத்து துறைகளில் பயன்படுத்தத் தொடங்கின. ரோபோக்கள் வாகனங்களை ஓட்டுதல், தயாரிப்புகளை ஏற்றுதல் மற்றும் இறக்குதல் போன்ற பணிகளுக்குப் பயன்படுத்தப்பட்டன.

2010 ஆம் ஆண்டில், ரோபோக்கள் ஆராய்ச்சி மற்றும் போர் போன்ற பல்வேறு துறைகளில் பயன்படுத்தத் தொடங்கின.

வெவ்வேறு வகையான ரோபோட்கள்

ரோபோக்கள் பல்வேறு வடிவங்கள் மற்றும் அளவுகளில் வருகின்றன. அவை பல்வேறு பணிகளைச் செய்யப் பயன்படுத்தப்படுகின்றன. ரோபோக்களை அவற்றின் செயல்பாடு, வடிவம் அல்லது அளவு ஆகியவற்றின் அடிப்படையில் வகைப்படுத்தலாம்.

செயல்பாட்டின் அடிப்படையில் ரோபோக்களின் வகைகள்

ரோபோக்களை அவற்றின் செயல்பாட்டின் அடிப்படையில் பின்வரும் வகைகளாகப் பிரிக்கலாம்:

- உற்பத்தி ரோபோக்கள்: உற்பத்தி செயல்முறைகளை தானியங்குபடுத்துவதற்குப் பயன்படுத்தப்படுகின்றன. அவை மனிதர்களுக்கு ஆபத்தான அல்லது சலிப்பான பணிகளைச் செய்யலாம்.

  உற்பத்தி ரோபோ

- சேவை ரோபோக்கள்: சேவைத் துறைகளில் பணிகளைச் செய்யப் பயன்படுத்தப்படுகின்றன. அவை உணவகம், சுகாதாரம், மற்றும் பாதுகாப்பு

போன்ற துறைகளில் பயன்படுத்தப்படுகின்றன.

சேவை ரோபோ

- போக்குவரத்து ரோபோக்கள்: போக்குவரத்து துறைகளில் பயன்படுத்தப்படுகின்றன. அவை வாகனங்களை ஓட்டுதல், தயாரிப்புகளை ஏற்றுதல் மற்றும் இறக்குதல் போன்ற பணிகளைச் செய்யலாம்.

போக்குவரத்து ரோபோ

- ஆராய்ச்சி ரோபோக்கள்: ஆராய்ச்சி பணிகளில் பயன்படுத்தப்படுகின்றன. அவை புதிய பொருட்கள், செயல்முறைகள் மற்றும் தொழில்நுட்பங்களை உருவாக்குவதற்குப் பயன்படுத்தப்படுகின்றன.

ஆராய்ச்சி ரோபோ

- போர் ரோபோக்கள்: போர் மற்றும் இராணுவ நடவடிக்கைகளில் பயன்படுத்தப்படுகின்றன. அவை எதிரிகளை தாக்கவும், பாதுகாப்பை வழங்கவும் பயன்படுத்தப்படுகின்றன.

போர் ரோபோ

வடிவத்தின் அடிப்படையில் ரோபோக்களின் வகைகள்

ரோபோக்களை அவற்றின் வடிவத்தின் அடிப்படையில் பின்வரும் வகைகளாகப் பிரிக்கலாம்:

- நிலையான ரோபோக்கள்: ஒரு இடத்தில் நிலையாக அமைக்கப்பட்டுள்ளன. அவை பெரும்பாலும் உற்பத்தி மற்றும் ஆராய்ச்சி போன்ற பணிகளுக்குப் பயன்படுத்தப்படுகின்றன.

- மொபைல் ரோபோக்கள்: சுதந்திரமாக நகரும் திறன் கொண்டவை. அவை பெரும்பாலும் சேவைகள் மற்றும் போக்குவரத்து போன்ற பணிகளுக்குப் பயன்படுத்தப்படுகின்றன.

மொபைல் ரோபோ

- அரை-மொபைல் ரோபோக்கள்: ஒரு வரம்புக்குட்பட்ட அளவில் நகரக்கூடிய திறன் கொண்டவை. அவை பெரும்பாலும் உற்பத்தி மற்றும் சேவைகள் போன்ற பணிகளுக்குப் பயன்படுத்தப்படுகின்றன.

அளவின் அடிப்படையில் ரோபோக்களின் வகைகள்

ரோபோக்களை அவற்றின் அளவின் அடிப்படையில் பின்வரும் வகைகளாகப் பிரிக்கலாம்:

- மினியேச்சர் ரோபோக்கள்: மிக சிறியவை. அவை பெரும்பாலும் ஆராய்ச்சி மற்றும் மருத்துவ போன்ற பணிகளுக்குப் பயன்படுத்தப்படுகின்றன.

- மிடியம்-சைஸ் ரோபோக்கள்: நடுத்தர அளவிலானவை. அவை பெரும்பாலும் உற்பத்தி மற்றும் சேவைகள் போன்ற பணிகளுக்குப் பயன்படுத்தப்படுகின்றன.

- ஜாம்பியான் ரோபோக்கள்: மிகப்பெரியவை. அவை பெரும்பாலும் போர் மற்றும் ஆராய்ச்சி போன்ற பணிகளுக்குப் பயன்படுத்தப்படுகின்றன.

ரோபோக்களின் இந்த வகைப்பாடுகள் முழுமையானவை அல்ல. ரோபோக்களின் வகைகள் தொடர்ந்து வளர்ந்து வருகின்றன.

சமூகத்தில் ரோபோடிக்ஸ் செல்வாக்கு

ரோபோடிக்ஸ் என்பது இயந்திரங்கள் மற்றும் கணினி அறிவியலின் ஒரு கிளை ஆகும், இது மனிதர்களுக்குப் பதிலாக பணிகளைச் செய்யக்கூடிய இயந்திரங்களை உருவாக்குவதை நோக்கமாகக் கொண்டுள்ளது. ரோபோக்கள் பல்வேறு வடிவங்கள் மற்றும் அளவுகளில் வருகின்றன, மேலும் அவை பல்வேறு பணிகளைச் செய்யப் பயன்படுத்தப்படுகின்றன.

ரோபோக்கள் சமூகத்தில் பல வழிகளில் செல்வாக்கு செலுத்துகின்றன. அவை உற்பத்தி, சேவைகள், போக்குவரத்து, ஆராய்ச்சி மற்றும் போர் போன்ற பல்வேறு துறைகளில் பயன்படுத்தப்படுகின்றன. ரோபோக்களின் செல்வாக்கு நேர்மறையாகவும் எதிர்மறையாகவும் இருக்கலாம்.

ரோபோடிக்ஸ் இன் நேர்மறையான தாக்கங்கள்

ரோபோடிக்ஸ் இன் நேர்மறையான தாக்கங்களில் சில:

- உற்பத்தி திறன் அதிகரிப்பு: ரோபோக்கள் உற்பத்தி செயல்முறைகளை தானியங்குபடுத்துவதன் மூலம் உற்பத்தி திறனை அதிகரிக்க உதவுகின்றன. இது பொருட்களின் விலைகளை

குறைக்கவும், பொருளாதார வளர்ச்சியை ஊக்குவிக்கவும் உதவுகிறது.

- சேவை தரத்தை மேம்படுத்துதல்: ரோபோக்கள் சேவை தரத்தை மேம்படுத்துவதற்கு உதவுகின்றன. அவை தவறுகளைக் குறைக்கவும், வாடிக்கையாளர் திருப்தி அளவை அதிகரிக்கவும் உதவுகின்றன.

- பணி பாதுகாப்பு அதிகரிப்பு: ரோபோக்கள் ஆபத்தான அல்லது சலிப்பான பணிகளைச் செய்யப் பயன்படுத்தப்படலாம். இது மனிதர்களுக்கு பாதுகாப்பை வழங்க உதவுகிறது.

ரோபோடிக்ஸ் இன் எதிர்மறையான தாக்கங்கள்

ரோபோடிக்ஸ் இன் எதிர்மறையான தாக்கங்களில் சில:

- வேலை இழப்பு: ரோபோக்கள் மனிதர்களுக்குப் பதிலாக பணிகளைச் செய்யக்கூடியதால், வேலை இழப்பு ஏற்படலாம். இது சமூக ஏற்றத்தாழ்வுகளை அதிகரிக்கலாம்.

- சமூக பாதுகாப்பு அச்சுறுத்தல்: ரோபோக்கள் தானியங்குபடுத்தப்பட்ட ஆயுதங்கள் மற்றும் போர் ரோபோக்களை உருவாக்கப் பயன்படுத்தப்படலாம். இது சமூக பாதுகாப்புக்கு அச்சுறுத்தலாக இருக்கலாம்.

- சமூக மாற்றம்: ரோபோக்கள் சமூகத்தில் குறிப்பிடத்தக்க மாற்றங்களை ஏற்படுத்தலாம். இது சமூக கட்டமைப்புகள் மற்றும் மதிப்புகளை மாற்றலாம்.

ரோபோடிக்ஸ் இன் எதிர்காலம்

ரோபோடிக்ஸ் என்பது ஒரு வேகமாக வளர்ந்து வரும் துறையாகும். எதிர்காலத்தில், ரோபோக்கள் சமூகத்தில் இன்னும் அதிக செல்வாக்கு செலுத்தும் என்று எதிர்பார்க்கப்படுகிறது. ரோபோக்களின் நேர்மறையான மற்றும் எதிர்மறையான தாக்கங்களைப் பற்றி சிந்தித்து, அவற்றைப் பயன்படுத்துவதன் மூலம் சமூகத்திற்கு அதிக நன்மை கிடைக்கும் என்பதை உறுதி செய்ய நடவடிக்கை எடுக்க வேண்டும்.

ரோபோடிக்ஸ் சமூகத்தில் நேர்மறையான தாக்கத்தை ஏற்படுத்த சில வழிகள்:

- ரோபோக்களை பயன்படுத்தி புதிய வேலை வாய்ப்புகளை உருவாக்க வேண்டும்.

- ரோபோக்களின் பயன்பாட்டை ஒழுங்குபடுத்தும் சட்டங்கள் மற்றும் ஒழுங்குமுறைகளை உருவாக்க வேண்டும்.

- ரோபோக்களை பயன்படுத்துவதன் மூலம் ஏற்படும் சமூக பாதுகாப்பு

அச்சுறுத்தல்களைத் தடுக்க நடவடிக்கை எடுக்க வேண்டும்.

ரோபோடிக்ஸ் என்பது ஒரு சக்திவாய்ந்த தொழில்நுட்பமாகும், இது சமூகத்தில் குறிப்பிடத்தக்க மாற்றங்களை ஏற்படுத்தலாம். ரோபோக்களின் பயன்பாட்டை பொறுப்புடன் நிர்வகிப்பதன் மூலம், அவற்றைப் பயன்படுத்துவதன் மூலம் சமூகத்திற்கு அதிக நன்மை கிடைக்கும் என்பதை உறுதி செய்யலாம்.

ரோபோடிக்ஸ் எதிர்காலம்

ரோபோடிக்ஸ் என்பது இயந்திரங்கள் மற்றும் கணினி அறிவியலின் ஒரு கிளை ஆகும், இது மனிதர்களுக்குப் பதிலாக பணிகளைச் செய்யக்கூடிய இயந்திரங்களை உருவாக்குவதை நோக்கமாகக் கொண்டுள்ளது. ரோபோக்கள் பல்வேறு வடிவங்கள் மற்றும் அளவுகளில் வருகின்றன, மேலும் அவை பல்வேறு பணிகளைச் செய்யப் பயன்படுத்தப்படுகின்றன.

ரோபோடிக்ஸ் என்பது ஒரு வேகமாக வளர்ந்து வரும் துறையாகும். எதிர்காலத்தில், ரோபோக்கள் நம் வாழ்க்கையில் இன்னும் அதிக செல்வாக்கு செலுத்தும் என்று எதிர்பார்க்கப்படுகிறது.

ரோபோடிக்ஸ் எதிர்காலத்தில் ஏற்படக்கூடிய சில முக்கிய மாற்றங்கள் பின்வருமாறு:

- ரோபோக்கள் இன்னும் ஸ்மார்ட் மற்றும் திறமையானதாக மாறும். ரோபோக்கள் கற்றுக்கொள்ளவும், தகவல்களை செயலாக்கவும், சுயாதீனமாக முடிவெடுக்கவும் முடியும்.

- ரோபோக்கள் பல்வேறு வகையான பணிகளைச் செய்யப் பயன்படுத்தப்படும். ரோபோக்கள் இன்னும் சிக்கலான பணிகளைச் செய்யப்

பயன்படுத்தப்படும், அவை தற்போது மனிதர்களால் மட்டுமே செய்ய முடியும்.

- ரோபோக்கள் நம் வாழ்க்கையில் இன்னும் அதிகமாக இணைக்கப்படும். ரோபோக்கள் நமது வீடுகள், அலுவலகங்கள் மற்றும் பொது இடங்களில் இன்னும் பொதுவானதாக மாறும்.

ரோபோடிக்ஸ் எதிர்காலத்தில் ஏற்படக்கூடிய சில நேர்மறையான தாக்கங்கள் பின்வருமாறு:

- உற்பத்தித்திறன் அதிகரிப்பு: ரோபோக்கள் உற்பத்தி செயல்முறைகளை தானியங்குபடுத்துவதன் மூலம் உற்பத்தித்திறனை அதிகரிக்க உதவுகின்றன. இது பொருட்களின் விலைகளை குறைக்கவும், பொருளாதார வளர்ச்சியை ஊக்குவிக்கவும் உதவுகிறது.

- சேவை தரத்தை மேம்படுத்துதல்: ரோபோக்கள் சேவை தரத்தை மேம்படுத்துவதற்கு உதவுகின்றன. அவை தவறுகளைக் குறைக்கவும், வாடிக்கையாளர் திருப்தி அளவை அதிகரிக்கவும் உதவுகின்றன.

- பணி பாதுகாப்பு அதிகரிப்பு: ரோபோக்கள் ஆபத்தான அல்லது சலிப்பான பணிகளைச் செய்யப் பயன்படுத்தப்படலாம். இது மனிதர்களுக்கு பாதுகாப்பை வழங்க உதவுகிறது.

ரோபோடிக்ஸ் எதிர்காலத்தில் ஏற்படக்கூடிய சில எதிர்மறையான தாக்கங்கள் பின்வருமாறு:

* வேலை இழப்பு: ரோபோக்கள் மனிதர்களுக்குப் பதிலாக பணிகளைச் செய்யக்கூடியதால், வேலை இழப்பு ஏற்படலாம். இது சமூக ஏற்றத்தாழ்வுகளை அதிகரிக்கலாம்.

* சமூக பாதுகாப்பு அச்சுறுத்தல்: ரோபோக்கள் தானியங்குபடுத்தப்பட்ட ஆயுதங்கள் மற்றும் போர் ரோபோக்களை உருவாக்கப் பயன்படுத்தப்படலாம். இது சமூக பாதுகாப்புக்கு அச்சுறுத்தலாக இருக்கலாம்.

* சமூக மாற்றம்: ரோபோக்கள் சமூகத்தில் குறிப்பிடத்தக்க மாற்றங்களை ஏற்படுத்தலாம். இது சமூக கட்டமைப்புகள் மற்றும் மதிப்புகளை மாற்றலாம்.

ரோபோடிக்ஸ் எதிர்காலத்தைப் பற்றி சிந்திக்க சில கேள்விகள்:

* ரோபோக்களின் பயன்பாட்டை எவ்வாறு ஒழுங்குபடுத்துவது?

* ரோபோக்களை பயன்படுத்துவதன் மூலம் ஏற்படும் சமூக பாதுகாப்பு அச்சுறுத்தல்களை எவ்வாறு தடுக்கலாம்?

* ரோபோக்களின் பயன்பாட்டால் ஏற்படும் வேலை இழப்பை எவ்வாறு சமாளிக்கலாம்?

ரோபோடிக்ஸ் என்பது ஒரு சக்திவாய்ந்த தொழில்நுட்பமாகும், இது சமூகத்தில் குறிப்பிடத்தக்க மாற்றங்களை ஏற்படுத்தலாம். ரோபோக்களின் பயன்பாட்டை பொறுப்புடன் நிர்வகிப்பதன் மூலம், அவற்றைப் பயன்படுத்துவதன் மூலம் சமூகத்திற்கு அதிக நன்மை கிடைக்கும் என்பதை உறுதி செய்யலாம்.

Chapter 2: Understanding Modern Robotics Innovations

அத்தியாயம் 2: நவீன ரோபோடிக்ஸ் புதுமைகளை புரிந்து கொள்வது

ரோபோடிக்ஸில் செயற்கை நுண்ணறிவு மற்றும் இயந்திர கற்றல்

ரோபோடிக்ஸ் என்பது இயந்திரங்கள் மற்றும் கணினி அறிவியலின் ஒரு கிளை ஆகும், இது மனிதர்களுக்குப் பதிலாக பணிகளைச் செய்யக்கூடிய இயந்திரங்களை உருவாக்குவதை நோக்கமாகக் கொண்டுள்ளது. செயற்கை நுண்ணறிவு (AI) மற்றும் இயந்திர கற்றல் (ML) ஆகியவை ரோபோடிக்ஸில் மிக முக்கியமான தொழில்நுட்பங்களாகும்.

செயற்கை நுண்ணறிவு என்பது மனித புத்திசாலித்தனத்தின் சில அம்சங்களைப் பிரதிபலிக்கும் கணினி அமைப்புகளின் திறன் ஆகும். AI ரோபோக்களை சுயாதீனமாக சிந்திக்கவும், செயல்படவும், கற்றுக்கொள்ளவும் அனுமதிக்கிறது.

இயந்திர கற்றல் என்பது AI இன் ஒரு கிளை ஆகும், இது கணினி அமைப்புகள் அனுபவத்தின் மூலம் கற்றுக்கொள்ள அனுமதிக்கிறது. ML ரோபோக்களை புதிய சூழ்நிலைகளுக்கு

தகவமைக்கவும், சிக்கலான பணிகளைச் செய்யவும் அனுமதிக்கிறது.

ரோபோடிக்ஸில் செயற்கை நுண்ணறிவு மற்றும் இயந்திர கற்றலின் பயன்பாடுகள்

செயற்கை நுண்ணறிவு மற்றும் இயந்திர கற்றல் ரோபோடிக்ஸில் பல்வேறு வழிகளில் பயன்படுத்தப்படுகின்றன. சில பொதுவான பயன்பாடுகள் பின்வருமாறு:

- சூழ்நிலை உணர்தல்: ரோபோக்கள் தங்கள் சூழலை உணர AI மற்றும் ML பயன்படுத்தலாம். இது ரோபோக்களுக்கு சுற்றுப்புறங்களை அடையாளம் காணவும், தங்கள் இருப்பிடத்தைக் கண்டறியவும், தங்கள் பணிகளைச் செய்ய போதுமான பாதுகாப்பான திசையில் நகர்த்தவும் அனுமதிக்கிறது.

- நடவடிக்கை திட்டமிடல்: AI மற்றும் ML ரோபோக்களுக்கு தங்கள் நடவடிக்கைகளை திட்டமிட அனுமதிக்கிறது. இது ரோபோக்களுக்கு தங்கள் பணிகளைச் சரியான நேரத்தில் மற்றும் திறமையாக முடிக்க அனுமதிக்கிறது.

- கற்றல் மற்றும் தழுவல்: AI மற்றும் ML ரோபோக்களுக்கு புதிய சூழ்நிலைகளுக்கு தகவமைக்க அனுமதிக்கிறது. இது

ரோபோக்களுக்கு தங்கள் பணிகளைச் செய்வதற்கான திறனை மேம்படுத்த அனுமதிக்கிறது, அவை பயன்படுத்தப்படும் சூழ்நிலைகள் மாறிவிட்டாலும் கூட.

ரோபோடிக்ஸில் AI மற்றும் ML இன் எதிர்காலம்

AI மற்றும் ML ரோபோடிக்ஸில் தொடர்ந்து முக்கிய பங்கு வகிக்கும் என்று எதிர்பார்க்கப்படுகிறது. AI மற்றும் ML இன் முன்னேற்றங்கள் ரோபோக்களை இன்னும் ஸ்மார்ட், திறமையான மற்றும் தகவமைக்கக்கூடியதாக மாற்றும். இது ரோபோக்களின் பயன்பாட்டை பல புதிய துறைகளுக்கு விரிவுபடுத்த அனுமதிக்கும்.

உதாரணமாக, AI மற்றும் ML இன் முன்னேற்றங்கள் ரோபோக்களை சுகாதாரம், கல்வி மற்றும் சேவைகள் போன்ற துறைகளில் பயன்படுத்த அனுமதிக்கும். AI மற்றும் ML ரோபோக்களை இன்னும் சுயாதீனமாக செயல்படவும், மனிதர்களுக்கு அதிக மதிப்புமிக்க சேவைகளை வழங்கவும் அனுமதிக்கும்.

சென்சார் தொழில்நுட்பம் மற்றும் உணர்வு

சென்சார் தொழில்நுட்பம் என்பது சுற்றுப்புறத்திலிருந்து தகவல்களைப் பெறுவதற்காக வடிவமைக்கப்பட்ட கருவிகளின் பயன்பாடு ஆகும். சென்சார்கள் பல்வேறு வடிவங்கள் மற்றும் அளவுகளில் வருகின்றன, மேலும் அவை வெப்பநிலை, ஒளி, ஒலி, அதிர்வு, ஈரப்பதம் மற்றும் பலவற்றைப் போன்ற பல்வேறு வகையான உணர்திறன்களைக் கொண்டிருக்கலாம்.

உணர்வு என்பது உணர்ச்சிகளை உணரும் திறன் ஆகும். இது மனிதர்கள் மற்றும் விலங்குகளுக்கு மட்டுமல்ல, தாவரங்கள் மற்றும் பிற உயிரினங்களுக்கும் உள்ளது. உணர்வு என்பது சுற்றுப்புறத்துடன் தொடர்பு கொள்ளவும், உலகத்தை புரிந்துகொள்ளவும் உதவுகிறது.

சென்சார் தொழில்நுட்பம் மற்றும் உணர்வு ஆகியவை ஒன்றோடொன்று நெருக்கமாக இணைக்கப்பட்டுள்ளன. சென்சார்கள் உணர்திறன்களை உணரப் பயன்படுத்தப்படுகின்றன, அவை உணர்வுகளின் அடிப்படையாகும்.

சென்சார் தொழில்நுட்பம் மற்றும் உணர்வு ஆகியவற்றின் பயன்பாடுகள்

செ்சார் தொழில்நுட்பம் மற்றும் உணர்வு ஆகியவை பல்வேறு துறைகளில் பயன்படுத்தப்படுகின்றன. சில பொதுவான பயன்பாடுகள் பின்வருமாறு:

- உற்பத்தி: செ்சார்கள் உற்பத்தி செயல்முறைகளை கண்காணிக்கப் பயன்படுத்தப்படுகின்றன. அவை தவறுகளைக் கண்டறியவும், செயல்திறனை மேம்படுத்தவும் உதவும்.

- வாகனங்கள்: செ்சார்கள் வாகனங்களைப் பாதுகாக்கப் பயன்படுத்தப்படுகின்றன. அவை வாகனங்களை தங்கள் சூழலை உணரவும், மோதல்களைத் தடுக்கவும் உதவுகின்றன.

- மருத்துவம்: செ்சார்கள் நோயறிதல் மற்றும் சிகிச்சையை மேம்படுத்தப் பயன்படுத்தப்படுகின்றன. அவை உடல்நிலை குறித்த தகவல்களைப் பெற உதவும்.

- சேவைகள்: செ்சார்கள் சேவைகளை மேம்படுத்தப் பயன்படுத்தப்படுகின்றன. அவை வாடிக்கையாளர் திருப்தியை மேம்படுத்தவும், உற்பத்தித்திறனை அதிகரிக்கவும் உதவுகின்றன.

செ்சார் தொழில்நுட்பம் மற்றும் உணர்வு ஆகியவற்றின் எதிர்காலம்

சென்சார் தொழில்நுட்பம் மற்றும் உணர்வு ஆகியவை தொடர்ந்து வளர்ந்து வருகின்றன. சென்சார்கள் சிறியதாகவும், அதிக உணர்திறன் கொண்டதாகவும், குறைந்த செலவில் கிடைக்கக்கூடியதாக மாறுகின்றன. இது சென்சார் தொழில்நுட்பத்தின் பயன்பாட்டை பல புதிய துறைகளுக்கு விரிவுபடுத்த அனுமதிக்கும்.

உதாரணமாக, சென்சார் தொழில்நுட்பம் வீட்டு உபகரணங்கள், ஊடகங்கள் மற்றும் கல்விய போன்ற துறைகளில் புதுமையான புதிய தயாரிப்புகள் மற்றும் சேவைகளை உருவாக்கப் பயன்படுத்தப்படலாம். சென்சார் தொழில்நுட்பம் மனித வாழ்க்கையை மேம்படுத்தவும், நமது சுற்றுப்புறத்தைப் பற்றி மேலும் அறியவும் உதவும்.

இயக்கம் மற்றும் செயல்பாடு

இயக்கம் என்பது ஒரு பொருளின் நிலை அல்லது நிலையை மாற்றும் செயல்முறையாகும். செயல்பாடு என்பது ஒரு பொருளின் நோக்கத்தை அல்லது செயல்பாட்டை நிறைவேற்றும் செயல்முறையாகும். இயக்கம் மற்றும் செயல்பாடு ஆகியவை ஒன்றோடொன்று நெருக்கமாக இணைக்கப்பட்டுள்ளன.

இயக்கத்தின் வகைகள்

இயக்கம் பல்வேறு வகைகளாகப் பிரிக்கப்படலாம். சில பொதுவான வகைகள் பின்வருமாறு:

- இடப்பெயர்ச்சி: ஒரு பொருள் ஒரு இடத்திலிருந்து மற்றொரு இடத்திற்கு நகர்த்தப்படும்போது ஏற்படும் இயக்கம்.

  இடப்பெயர்ச்சி இயக்கம்

- சுழற்சி: ஒரு பொருள் அதன் அச்சில் சுழலும்போது ஏற்படும் இயக்கம்.

  சுழற்சி இயக்கம்

- அதிர்வு: ஒரு பொருள் அதன் மையப்புள்ளியைச் சுற்றி முன்னும் பின்னும் அசையும்போது ஏற்படும் இயக்கம்.

அதிர்வு இயக்கம்

- வளைவு: ஒரு பொருள் ஒரு வளைவில் நகரும்போது ஏற்படும் இயக்கம்.

வளைவு இயக்கம்

செயல்பாட்டின் வகைகள்

செயல்பாடு பல வகைகளாகப் பிரிக்கப்படலாம். சில பொதுவான வகைகள் பின்வருமாறு:

- உற்பத்தி: பொருட்களை உருவாக்குவதற்கான செயல்முறை.

உற்பத்தி செயல்முறை

- போக்குவரத்து: பொருட்கள் மற்றும் மக்களை ஒரு இடத்திலிருந்து மற்றொரு இடத்திற்கு கொண்டு செல்லும் செயல்முறை.

போக்குவரத்து செயல்முறை

- அமைப்பு: பொருட்கள் அல்லது அமைப்புகளை ஒழுங்கமைக்கும் செயல்முறை.

அமைப்பு செயல்முறை

- வாடிக்கையாளர்
  சேவை: வாடிக்கையாளர்களுக்கு உதவி வழங்கும் செயல்முறை.

வாடிக்கையாளர் சேவை செயல்முறை

இயக்கம் மற்றும் செயல்பாட்டின் தொடர்பு

இயக்கம் மற்றும் செயல்பாடு ஆகியவை ஒன்றோடொன்று நெருக்கமாக இணைக்கப்பட்டுள்ளன. இயக்கம் என்பது ஒரு பொருளின் செயல்பாட்டை நிறைவேற்ற தேவையான முதல் கட்டமாகும். செயல்பாடு என்பது இயக்கத்தின் நோக்கத்தை அல்லது முடிவை நிறைவேற்றுகிறது.

உதாரணமாக, ஒரு வாகனம் இயக்கப்படும்போது, அது ஒரு இடத்திலிருந்து மற்றொரு இடத்திற்கு நகருகிறது. இது வாகனத்தின் செயல்பாட்டில் ஒரு முக்கிய பகுதியாகும், ஏனெனில் இது மக்களையும் பொருட்களையும் ஒரு இடத்திலிருந்து மற்றொரு இடத்திற்கு கொண்டு செல்ல அனுமதிக்கிறது.

மற்றொரு உதாரணமாக, ஒரு இயந்திரம் இயங்கும்போது, அது ஒரு வேலை செய்யப்படுகிறது. இந்த வேலை இயந்திரத்தின் செயல்பாட்டில் ஒரு முக்கிய பகுதியாகும், ஏனெனில் இது பொருட்களை உற்பத்தி செய்கிறது அல்லது பொருட்களை ஒரு

இடத்திலிருந்து மற்றொரு இடத்திற்கு கொண்டு செல்கிறது.

இயக்கம் மற்றும் செயல்பாட்டின் முக்கியத்துவம்

இயக்கம் மற்றும் செயல்பாடு ஆகியவை மனித வாழ்க்கையில் மிக முக்கியமானவை. அவை பொருட்கள் மற்றும் சேவைகளை உற்பத்தி செய்வதற்கும், மக்களுக்கும் பொருட்களுக்கும் இடையில் இயக்கத்தை வழங்குவதற்கும், நம்மை சுற்றியுள்ள உலகத்துடன் தொடர்பு கொள்ளவும் பயன்படுத்தப்படுகின்றன.

மனித-ரோபோ கலவை

மனித-ரோபோ கலவை என்பது மனித மற்றும் ரோபோ கூறுகளை இணைக்கும் ஒரு தொழில்நுட்பமாகும். இது மனித தரமான திறன்கள் மற்றும் ரோபோக்களின் செயல்திறன் மற்றும் நம்பகத்தன்மையின் கலவையை வழங்கும் வாய்ப்பை வழங்குகிறது.

மனித-ரோபோ கலவையின் சில சாத்தியமான பயன்பாடுகள் பின்வருமாறு:

- சூழல்களை ஆய்வு செய்தல்: மனிதர்கள் தங்கள் அறிவு மற்றும் படைப்பாற்றலைப் பயன்படுத்தி சூழல்களை ஆய்வு செய்ய முடியும், அதே நேரத்தில் ரோபோக்கள் தங்கள் செயல்திறன் மற்றும் நம்பகத்தன்மையைப் பயன்படுத்தி ஆபத்தான அல்லது கடினமான பணிகளைச் செய்ய முடியும்.

- அறுவை சிகிச்சை செய்தல்: அறுவை சிகிச்சை நிபுணர்கள் தங்கள் திறன் மற்றும் படைப்பாற்றலைப் பயன்படுத்தி அறுவை சிகிச்சையை மேற்கொள்ள முடியும், அதே நேரத்தில் ரோபோக்கள் தங்கள் செயல்திறன் மற்றும் நம்பகத்தன்மையைப் பயன்படுத்தி துல்லியமான மற்றும் மீண்டும் மீண்டும் செய்யக்கூடிய இயக்கங்களைச் செய்ய முடியும்.

அறுவை சிகிச்சை செய்தல்

- போர்: மனித வீரர்கள் தங்கள் அறிவு மற்றும் படைப்பாற்றலைப் பயன்படுத்தி போரில் வெற்றிபெற முடியும், அதே நேரத்தில் ரோபோக்கள் தங்கள் செயல்திறன் மற்றும் நம்பகத்தன்மையைப் பயன்படுத்தி ஆபத்தான அல்லது கடினமான பணிகளைச் செய்ய முடியும்.

போர்

மனித-ரோபோ கலவை இன்னும் வளர்ச்சியில் உள்ளது, ஆனால் அது மனித வாழ்க்கையில் குறிப்பிடத்தக்க தாக்கத்தை ஏற்படுத்தும் திறன் கொண்டது.

மனித-ரோபோ கலவையின் சில சவால்கள் பின்வருமாறு:

- பாதுகாப்பு: மனித-ரோபோ கலவைகள் பாதுகாப்பாக இருக்க உறுதி செய்யப்பட வேண்டும். ரோபோக்களின் செயல்திறன் மற்றும் நம்பகத்தன்மை கவனமாக சோதிக்கப்பட வேண்டும், மேலும் மனித-ரோபோ கலவைகள் பல்வேறு சூழ்நிலைகளில் பயன்படுத்துவதற்கு பாதுகாப்பானதா என்பதை உறுதிப்படுத்த ஆராய்ச்சி தேவைப்படுகிறது.

- செயல்திறன்: மனித-ரோபோ கலவைகள் மனிதர்கள் மற்றும் ரோபோக்களின் திறன்களின் சிறந்த கலவையை வழங்க வேண்டும். மனித-ரோபோ கலவைகள் திறமையான மற்றும் பயனுள்ளதாக இருக்க, மனித மற்றும் ரோபோ கூறுகளுக்கு இடையே நெருங்கிய ஒத்திசைவு தேவைப்படுகிறது.

- சமூக தாக்கம்: மனித-ரோபோ கலவை சமூகத்தின் மீது குறிப்பிடத்தக்க தாக்கத்தை ஏற்படுத்தும் திறன் கொண்டது. மனித-ரோபோ கலவையின் சமூக தாக்கத்தைப் புரிந்துகொள்வதற்கு ஆராய்ச்சி தேவைப்படுகிறது, மேலும் மனித-ரோபோ கலவையின் விளைவுகளை சமூகத்திற்கு நன்மை பயக்கும் வகையில் நிர்வகிக்க உதவும் கொள்கைகள் மற்றும் நெறிமுறைகள் உருவாக்கப்பட வேண்டும்.

மனித-ரோபோ கலவை என்பது ஒரு சவாலான தொழில்நுட்பமாகும், ஆனால் இது மனித வாழ்க்கையை மேம்படுத்தக்கூடிய ஒரு சக்திவாய்ந்த கருவியாகும். மனித-ரோபோ கலவையின் சாத்தியமான நன்மைகள் மற்றும் அபாயங்களைப் புரிந்துகொள்வதற்கு ஆராய்ச்சி தேவைப்படுகிறது, மேலும் மனித-ரோபோ கலவையின் விளைவுகளை சமூகத்திற்கு நன்மை பயக்கும் வகையில் நிர்வகிக்க உதவும்

கொள்கைகள் மற்றும் நெறிமுறைகள் உருவாக்கப்பட வேண்டும்.

கொள்கைகள் மற்றும் நெறிமுறைகள் உருவாக்கப்பட வேண்டும்.

ரோபோடிக்ஸில் பெரிய தரவு மற்றும் மேகம்

ரோபோடிக்ஸ் என்பது இயந்திரங்கள் மற்றும் கணினி அறிவியலின் ஒரு கிளை ஆகும், இது மனிதர்களுக்குப் பதிலாக பணிகளைச் செய்யக்கூடிய இயந்திரங்களை உருவாக்குவதை நோக்கமாகக் கொண்டுள்ளது. பெரிய தரவு மற்றும் மேகம் ஆகியவை ரோபோடிக்ஸில் புதிய வாய்ப்புகளைத் திறந்து வருகின்றன.

பெரிய தரவு என்பது பெரிய அளவிலான தரவுகளின் தொகுப்பாகும். இந்த தரவு ரோபோக்களை பயிற்றுவிக்க, அவற்றின் செயல்திறனை மேம்படுத்த மற்றும் புதிய பயன்பாடுகளை உருவாக்க பயன்படுத்தப்படலாம்.

மேகம் என்பது இணையத்தில் அணுகக்கூடிய ஒரு தகவல் தொழில்நுட்ப சேவை ஆகும். மேகம் ரோபோக்களை நிர்வகிக்க, அவற்றின் தரவை சேமிக்க மற்றும் அவற்றை ஒருவருக்கொருவர் இணைக்கப் பயன்படுத்தப்படலாம்.

ரோபோடிக்ஸில் பெரிய தரவு பயன்பாடுகள்

பெரிய தரவு ரோபோடிக்ஸில் பல்வேறு வழிகளில் பயன்படுத்தப்படலாம். சில பொதுவான பயன்பாடுகள் பின்வருமாறு:

- ரோபோக்களை பயிற்றுவித்தல்: பெரிய தரவு ரோபோக்களை பல்வேறு பணிகளைச் செய்ய பயிற்றுவிக்கப் பயன்படுத்தப்படலாம். எடுத்துக்காட்டாக, பெரிய தரவு ரோபோக்களை திறந்த வெளிகளில் நகரவும், பொருட்களைப் பிடிக்கவும், மக்களைக் கண்டறியவும் பயிற்றுவிக்கப்படலாம்.

- ரோபோக்களின் செயல்திறனை மேம்படுத்துதல்: பெரிய தரவு ரோபோக்களின் செயல்திறனை மேம்படுத்தப் பயன்படுத்தப்படலாம். எடுத்துக்காட்டாக, பெரிய தரவு ரோபோக்களின் தவறுகளைக் குறைக்கவும், அவற்றின் திறனை அதிகரிக்கவும் பயன்படுத்தப்படலாம்.

- புதிய பயன்பாடுகளை உருவாக்குதல்: பெரிய தரவு புதிய ரோபோடிக்ஸ் பயன்பாடுகளை உருவாக்கப் பயன்படுத்தப்படலாம். எடுத்துக்காட்டாக, பெரிய தரவு ரோபோக்களை சுயாதீனமாக சிந்திக்கவும், முடிவெடுக்கவும், பணிகளைச் செய்யவும் அனுமதிக்கும் புதிய AI தொழில்நுட்பங்களை உருவாக்கப் பயன்படுத்தப்படலாம்.

ரோபோடிக்ஸில் மேக பயன்பாடுகள்

மேகம் ரோபோடிக்ஸில் பல்வேறு வழிகளில் பயன்படுத்தப்படலாம். சில பொதுவான பயன்பாடுகள் பின்வருமாறு:

- ரோபோக்களை நிர்வகித்தல்: மேகம் ரோபோக்களை நிர்வகிக்கப் பயன்படுத்தப்படலாம். எடுத்துக்காட்டாக, மேகம் ரோபோக்களின் நிலையை கண்காணிக்கவும், அவற்றின் அமைப்புகளை அமைக்கவும், அவற்றின் தரவை சேமிக்கவும் பயன்படுத்தப்படலாம்.

- ரோபோக்களின் தரவை சேமித்தல்: மேகம் ரோபோக்களின் தரவை சேமிக்கப் பயன்படுத்தப்படலாம். எடுத்துக்காட்டாக, மேகம் ரோபோக்களின் செயல்திறன் தரவை சேமிக்கவும், அவற்றின் பயிற்சி தரவை சேமிக்கவும் பயன்படுத்தப்படலாம்.

- ரோபோக்களை ஒருவருக்கொருவர் இணைத்தல்: மேகம் ரோபோக்களை ஒருவருக்கொருவர் இணைக்கப் பயன்படுத்தப்படலாம். எடுத்துக்காட்டாக, மேகம் ரோபோக்களுக்கு தகவல்களைப் பகிர்ந்து கொள்ளவும், சேவைகளை வழங்கவும் பயன்படுத்தப்படலாம்.

ரோபோடிக்ஸில் பெரிய தரவு மற்றும் மேகத்தின் எதிர்காலம்

பெரிய தரவு மற்றும் மேகம் ரோபோடிக்ஸில் புதிய வாய்ப்புகளைத் திறந்து வருகின்றன. இந்த தொழில்நுட்பங்கள் ரோபோக்களை இன்னும் ஸ்மார்ட், திறமையான மற்றும் பயனுள்ளதாக மாற்றும் திறன் கொண்டவை.

Chapter 3: Implementing Robotics in Different Industries

அத்தியாயம் 3: வெவ்வேறு துறைகளில் ரோபோடிக்ஸ் செயல்படுத்தல்

உற்பத்தியில் ரோபோடிக்ஸ்

ரோபோடிக்ஸ் என்பது இயந்திரங்கள் மற்றும் கணினி அறிவியலின் ஒரு கிளை ஆகும், இது மனிதர்களுக்குப் பதிலாக பணிகளைச் செய்யக்கூடிய இயந்திரங்களை உருவாக்குவதை நோக்கமாகக் கொண்டுள்ளது. உற்பத்தியில் ரோபோடிக்ஸ் என்பது உற்பத்தி செயல்முறைகளில் ரோபோக்களைப் பயன்படுத்தும் செயல்முறையாகும்.

உற்பத்தியில் ரோபோடிக்ஸ் பயன்பாடுகள்

உற்பத்தியில் ரோபோடிக்ஸ் பல்வேறு வழிகளில் பயன்படுத்தப்படுகிறது. சில பொதுவான பயன்பாடுகள் பின்வருமாறு:

- தானியங்கிமயமாக்கல்: ரோபோக்களைப் பயன்படுத்தி, மனிதர்கள் செய்யும் பணிகளை தானியங்குபடுத்தலாம். இது உற்பத்தி செயல்திறனை மேம்படுத்தவும், தவறுகளைக் குறைக்கவும் உதவுகிறது.

- கடினமான அல்லது ஆபத்தான பணிகள்: ரோபோக்களைப் பயன்படுத்தி, கடினமான அல்லது ஆபத்தான பணிகளைச் செய்யலாம். இது மனிதர்களுக்கு பாதுகாப்பை மேம்படுத்த உதவுகிறது.

- புதிய தயாரிப்புகளை உருவாக்குதல்: ரோபோக்களைப் பயன்படுத்தி, புதிய தயாரிப்புகளை உருவாக்கலாம். இது உற்பத்தித் திறனை அதிகரிக்க உதவுகிறது.

உற்பத்தியில் ரோபோடிக்ஸின் நன்மைகள்

உற்பத்தியில் ரோபோடிக்ஸின் பல நன்மைகள் உள்ளன. சில முக்கிய நன்மைகள் பின்வருமாறு:

- உற்பத்தித்திறன் அதிகரிப்பு: ரோபோக்கள் மனிதர்களைக் காட்டிலும் அதிக திறமையுடன் பணிகளைச் செய்யலாம். இது உற்பத்தித்திறனை அதிகரிக்க உதவுகிறது.

- தவறுகள் குறைவு: ரோபோக்கள் மனிதர்களைக் காட்டிலும் குறைவான தவறுகளைச் செய்கின்றன. இது தரத்தை மேம்படுத்த உதவுகிறது.

- செயல்திறன் மேம்பாடு: ரோபோக்கள் மனிதர்களைக் காட்டிலும் அதிக சுறுசுறுப்பாக பணிகளைச் செய்யலாம். இது

உற்பத்திச் செலவுகளைக் குறைக்க உதவுகிறது.

உற்பத்தியில் ரோபோடிக்ஸின் சவால்கள்

உற்பத்தியில் ரோபோடிக்ஸுக்கு சில சவால்களும் உள்ளன. சில முக்கிய சவால்கள் பின்வருமாறு:

- செலவுகள்: ரோபோக்கள் மனிதர்களைக் காட்டிலும் அதிக செலவு வாய்ந்தவை.

- புதிய தொழில்நுட்பம்: ரோபோடிக்ஸ் என்பது ஒரு புதிய தொழில்நுட்பமாகும், இது தொடர்ந்து வளர்ந்து வருகிறது. புதிய தொழில்நுட்பங்களைப் பின்பற்ற வேண்டிய அவசியம் உள்ளது.

- வேலை இழப்பு: ரோபோக்களின் பயன்பாடு வேலை இழப்புக்கு வழிவகுக்கும் என்று சிலர் கவலைப்படுகிறார்கள்.

உற்பத்தியில் ரோபோடிக்ஸின் எதிர்காலம்

உற்பத்தியில் ரோபோடிக்ஸின் எதிர்காலம் பிரகாசமாக உள்ளது. ரோபோடிக்ஸ் தொழில்நுட்பம் தொடர்ந்து வளர்ந்து வருகிறது, மேலும் ரோபோக்களின் பயன்பாடு அதிகரித்து வருகிறது.

உற்பத்தியில் ரோபோடிக்ஸின் எதிர்காலம் பின்வருமாறு:

- ரோபோக்களின் பயன்பாடு அதிகரிக்கும்: ரோபோக்களின் பயன்பாடு அதிகரித்து வருவதால், உற்பத்தியில் ரோபோடிக்ஸ் இன்னும் முக்கியத்துவம் பெறும்.

- ரோபோக்கள் இன்னும் ஸ்மார்ட் மற்றும் திறமையானதாக மாறும்: ரோபோடிக்ஸ் தொழில்நுட்பம் தொடர்ந்து வளர்ந்து வருவதால், ரோபோக்கள் இன்னும் ஸ்மார்ட் மற்றும் திறமையானதாக மாறும்.

- ரோபோடிக்ஸ் புதிய தயாரிப்புகள் மற்றும் சேவைகளை உருவாக்க உதவும்: ரோபோடிக்ஸ் புதிய தயாரிப்புகள் மற்றும் சேவைகளை உருவாக்க உதவும்.

சுகாதாரத்தில் ரோபோடிக்ஸ்

ரோபோடிக்ஸ் என்பது இயந்திரங்கள் மற்றும் கணினி அறிவியலின் ஒரு கிளை ஆகும், இது மனிதர்களுக்குப் பதிலாக பணிகளைச் செய்யக்கூடிய இயந்திரங்களை உருவாக்குவதை நோக்கமாகக் கொண்டுள்ளது. சுகாதாரத்தில் ரோபோடிக்ஸ் என்பது சுகாதார பராமரிப்பு சேவைகளை வழங்குவதில் ரோபோக்களைப் பயன்படுத்தும் செயல்முறையாகும்.

சுகாதாரத்தில் ரோபோடிக்ஸின் பயன்பாடுகள்

சுகாதாரத்தில் ரோபோடிக்ஸ் பல்வேறு வழிகளில் பயன்படுத்தப்படுகிறது. சில பொதுவான பயன்பாடுகள் பின்வருமாறு:

- அறுவை சிகிச்சை: அறுவை சிகிச்சை ரோபோக்கள் அறுவை சிகிச்சை நிபுணர்களுக்கு அதிக துல்லியமான மற்றும் கவனமாக அறுவை சிகிச்சை செய்ய உதவுகின்றன.

  அறுவை சிகிச்சை ரோபோக்கள்

- மருத்துவ பரிசோதனை: மருத்துவ பரிசோதனை ரோபோக்கள் நோயாளிகளைப் பரிசோதிக்க மற்றும் நோய்களைக் கண்டறிய உதவுகின்றன.

  மருத்துவ பரிசோதனை ரோபோக்கள்

- மருந்து விநியோகம்: மருந்து விநியோக ரோபோக்கள் மருந்துகளையும் பிற பொருட்களையும் பாதுகாப்பாகவும் திறமையாகவும் விநியோகிக்க உதவுகின்றன.

- மருத்துவ கல்வி: மருத்துவ கல்வி ரோபோக்கள் மாணவர்களுக்கு மருத்துவம் மற்றும் சுகாதார பராமரிப்பு பற்றி கற்பிக்க உதவுகின்றன.

சுகாதாரத்தில் ரோபோடிக்ஸின் நன்மைகள்

சுகாதாரத்தில் ரோபோடிக்ஸின் பல நன்மைகள் உள்ளன. சில முக்கிய நன்மைகள் பின்வருமாறு:

- உயர் தரமான பராமரிப்பு: ரோபோக்கள் அதிக துல்லியமான மற்றும் கவனமாக பராமரிப்பை வழங்க முடியும்.

- பாதுகாப்பு: ரோபோக்கள் மனிதர்களுக்கு ஆபத்தான பணிகளைச் செய்ய முடியும், இது பாதுகாப்பை மேம்படுத்த உதவுகிறது.

- செயல்திறன்: ரோபோக்கள் மனிதர்களைக் காட்டிலும் அதிக திறமையுடன் பணிகளைச் செய்ய முடியும், இது செயல்திறனை மேம்படுத்த உதவுகிறது.

சுகாதாரத்தில் ரோபோடிக்ஸின் சவால்கள்

சுகாதாரத்தில் ரோபோடிக்ஸுக்கு சில சவால்களும் உள்ளன. சில முக்கிய சவால்கள் பின்வருமாறு:

- செலவுகள்: ரோபோக்கள் மனிதர்களைக் காட்டிலும் அதிக செலவு வாய்ந்தவை.

- சட்டம்: ரோபோக்களின் பயன்பாட்டை ஒழுங்குபடுத்தும் சட்டங்கள் இன்னும் வளர்ந்து வருகின்றன.

- மனித-ரோபோ தொடர்பு: மனிதர்களுக்கும் ரோபோக்களுக்கும் இடையே நல்ல தொடர்பு அவசியம், இது இன்னும் ஒரு சவாலாக உள்ளது.

சுகாதாரத்தில் ரோபோடிக்ஸின் எதிர்காலம்

சுகாதாரத்தில் ரோபோடிக்ஸின் எதிர்காலம் பிரகாசமாக உள்ளது. ரோபோடிக்ஸ் தொழில்நுட்பம் தொடர்ந்து வளர்ந்து வருகிறது, மேலும் ரோபோக்களின் பயன்பாடு அதிகரித்து வருகிறது.

சுகாதாரத்தில் ரோபோடிக்ஸின் எதிர்காலம் பின்வருமாறு:

- ரோபோக்களின் பயன்பாடு அதிகரிக்கும்: ரோபோக்களின் பயன்பாடு அதிகரித்து வருவதால், சுகாதாரத்தில்

ரோபோடிக்ஸ் இன்னும் முக்கியத்துவம் பெறும்.

* ரோபோக்கள் இன்னும் ஸ்மார்ட் மற்றும் திறமையானதாக மாறும்: ரோபோடிக்ஸ் தொழில்நுட்பம் தொடர்ந்து வளர்ந்து வருவதால், ரோபோக்கள் இன்னும் ஸ்மார்ட் மற்றும் திறமையானதாக மாறும்.

தளவாடங்கள் மற்றும் போக்குவரத்தில் ரோபோடிக்ஸ்

ரோபோடிக்ஸ் என்பது இயந்திரங்கள் மற்றும் கணினி அறிவியலின் ஒரு கிளை ஆகும், இது மனிதர்களுக்குப் பதிலாக பணிகளைச் செய்யக்கூடிய இயந்திரங்களை உருவாக்குவதை நோக்கமாகக் கொண்டுள்ளது. தளவாடங்கள் மற்றும் போக்குவரத்தில் ரோபோடிக்ஸ் என்பது இந்தத் துறையில் ரோபோக்களைப் பயன்படுத்தும் செயல்முறையாகும்.

தளவாடங்கள் மற்றும் போக்குவரத்தில் ரோபோடிக்ஸின் பயன்பாடுகள்

தளவாடங்கள் மற்றும் போக்குவரத்தில் ரோபோடிக்ஸ் பல்வேறு வழிகளில் பயன்படுத்தப்படுகிறது. சில பொதுவான பயன்பாடுகள் பின்வருமாறு:

- சரக்குகளைக் கையாளுதல்: ரோபோக்கள் சரக்குகளை அடுக்கி, இறக்கி, நகர்த்த பயன்படுகின்றன.

- போக்குவரத்து: ரோபோக்கள் வாகனங்களை இயக்க, சரக்குகளை விநியோகிக்க மற்றும் போக்குவரத்து அமைப்புகளைப் பராமரிக்கப் பயன்படுகின்றன.

- போக்குவரத்து கட்டுப்பாடு: ரோபோக்கள் போக்குவரத்து சிக்னல்களை நிர்வகிக்க, போக்குவரத்தை கண்காணிக்க மற்றும் போக்குவரத்து நெரிசலைக் குறைக்கப் பயன்படுகின்றன.

தளவாடங்கள் மற்றும் போக்குவரத்தில் ரோபோடிக்ஸின் நன்மைகள்

தளவாடங்கள் மற்றும் போக்குவரத்தில் ரோபோடிக்ஸின் பல நன்மைகள் உள்ளன. சில முக்கிய நன்மைகள் பின்வருமாறு:

- செயல்திறன்: ரோபோக்கள் மனிதர்களைக் காட்டிலும் அதிக திறமையுடன் பணிகளைச் செய்ய முடியும். இது செயல்திறனை மேம்படுத்தவும், செலவுகளைக் குறைக்கவும் உதவுகிறது.

- பாதுகாப்பு: ரோபோக்கள் மனிதர்களுக்கு ஆபத்தான பணிகளைச் செய்ய முடியும், இது பாதுகாப்பை மேம்படுத்த உதவுகிறது.

- சுற்றுச்சூழல்: ரோபோக்கள் குறைந்த ஆற்றல் நுகர்வைக் கொண்டுள்ளன, இது சுற்றுச்சூழலைப் பாதுகாக்க உதவுகிறது.

தளவாடங்கள் மற்றும் போக்குவரத்தில் ரோபோடிக்ஸின் சவால்கள்

தளவாடங்கள் மற்றும் போக்குவரத்தில் ரோபோடிக்ஸுக்கு சில சவால்களும் உள்ளன. சில முக்கிய சவால்கள் பின்வருமாறு:

- செலவுகள்: ரோபோக்கள் மனிதர்களைக் காட்டிலும் அதிக செலவு வாய்ந்தவை.

- சட்டம்: ரோபோக்களின் பயன்பாட்டை ஒழுங்குபடுத்தும் சட்டங்கள் இன்னும் வளர்ந்து வருகின்றன.

- மனித-ரோபோ தொடர்பு: மனிதர்களுக்கும் ரோபோக்களுக்கும் இடையே நல்ல தொடர்பு அவசியம், இது இன்னும் ஒரு சவாலாக உள்ளது.

தளவாடங்கள் மற்றும் போக்குவரத்தில் ரோபோடிக்ஸின் எதிர்காலம்

தளவாடங்கள் மற்றும் போக்குவரத்தில் ரோபோடிக்ஸின் எதிர்காலம் பிரகாசமாக உள்ளது. ரோபோடிக்ஸ் தொழில்நுட்பம் தொடர்ந்து வளர்ந்து வருகிறது, மேலும் ரோபோக்களின் பயன்பாடு அதிகரித்து வருகிறது.

தளவாடங்கள் மற்றும் போக்குவரத்தில் ரோபோடிக்ஸின் எதிர்காலம் பின்வருமாறு:

- ரோபோக்களின் பயன்பாடு அதிகரிக்கும்: ரோபோக்களின் பயன்பாடு

அதிகரித்து வருவதால், தளவாடங்கள் மற்றும் போக்குவரத்தில் ரோபோடிக்ஸ் இன்னும் முக்கியத்துவம் பெறும்.

- ரோபோக்கள் இன்னும் ஸ்மார்ட் மற்றும் திறமையானதாக மாறும்: ரோபோடிக்ஸ் தொழில்நுட்பம் தொடர்ந்து வளர்ந்து வருவதால், ரோபோக்கள் இன்னும் ஸ்மார்ட் மற்றும் திறமையானதாக மாறும்.

வேளாண்மையில் ரோபோடிக்ஸ்

ரோபோடிக்ஸ் என்பது இயந்திரங்கள் மற்றும் கணினி அறிவியலின் ஒரு கிளை ஆகும், இது மனிதர்களுக்குப் பதிலாக பணிகளைச் செய்யக்கூடிய இயந்திரங்களை உருவாக்குவதை நோக்கமாகக் கொண்டுள்ளது. வேளாண்மையில் ரோபோடிக்ஸ் என்பது வேளாண் செயல்முறைகளில் ரோபோக்களைப் பயன்படுத்தும் செயல்முறையாகும்.

வேளாண்மையில் ரோபோடிக்ஸின் பயன்பாடுகள்

வேளாண்மையில் ரோபோடிக்ஸ் பல்வேறு வழிகளில் பயன்படுத்தப்படுகிறது. சில பொதுவான பயன்பாடுகள் பின்வருமாறு:

- நிலப்பரப்பை உழுதல்: ரோபோக்கள் நிலப்பரப்பை உழுவதற்குப் பயன்படுத்தப்படலாம். இது மனித உழைப்பின் தேவையைக் குறைக்க உதவுகிறது.

- பயிர்களை நடவு செய்தல்: ரோபோக்கள் பயிர்களை நடவு செய்யப் பயன்படுத்தப்படலாம். இது துல்லியத்தை மேம்படுத்தவும், செலவுகளைக் குறைக்கவும் உதவுகிறது.

- பயிர்களை நீர் பாய்ச்சுதல்: ரோபோக்கள் பயிர்களை நீர் பாய்ச்சப் பயன்படுத்தப்படலாம். இது நீர் பயன்பாட்டை மேம்படுத்தவும், செலவுகளைக் குறைக்கவும் உதவுகிறது.

- பயிர்களை அறுவடை செய்தல்: ரோபோக்கள் பயிர்களை அறுவடை செய்யப் பயன்படுத்தப்படலாம். இது துல்லியத்தை மேம்படுத்தவும், செலவுகளைக் குறைக்கவும் உதவுகிறது.

- பயிர்களை பராமரித்தல்: ரோபோக்கள் பயிர்களை பராமரிக்கப் பயன்படுத்தப்படலாம். இது பூச்சிகள் மற்றும் நோய்களிலிருந்து பயிர்களை பாதுகாக்க உதவுகிறது.

வேளாண்மையில் ரோபோடிக்ஸின் நன்மைகள்

வேளாண்மையில் ரோபோடிக்ஸின் பல நன்மைகள் உள்ளன. சில முக்கிய நன்மைகள் பின்வருமாறு:

- செயல்திறன்: ரோபோக்கள் மனிதர்களைக் காட்டிலும் அதிக திறமையுடன் பணிகளைச் செய்ய முடியும். இது செயல்திறனை மேம்படுத்தவும், செலவுகளைக் குறைக்கவும் உதவுகிறது.

- பாதுகாப்பு: ரோபோக்கள் மனிதர்களுக்கு ஆபத்தான பணிகளைச் செய்ய முடியும், இது பாதுகாப்பை மேம்படுத்த உதவுகிறது.

- சுற்றுச்சூழல்: ரோபோக்கள் குறைந்த ஆற்றல் நுகர்வைக் கொண்டுள்ளன, இது சுற்றுச்சூழலைப் பாதுகாக்க உதவுகிறது.

வேளாண்மையில் ரோபோடிக்ஸின் சவால்கள்

வேளாண்மையில் ரோபோடிக்ஸுக்கு சில சவால்களும் உள்ளன. சில முக்கிய சவால்கள் பின்வருமாறு:

- செலவுகள்: ரோபோக்கள் மனிதர்களைக் காட்டிலும் அதிக செலவு வாய்ந்தவை.

- சட்டம்: ரோபோக்களின் பயன்பாட்டை ஒழுங்குபடுத்தும் சட்டங்கள் இன்னும் வளர்ந்து வருகின்றன.

- மனித-ரோபோ தொடர்பு: மனிதர்களுக்கும் ரோபோக்களுக்கும் இடையே நல்ல தொடர்பு அவசியம், இது இன்னும் ஒரு சவாலாக உள்ளது.

வேளாண்மையில் ரோபோடிக்ஸின் எதிர்காலம்

வேளாண்மையில் ரோபோடிக்ஸின் எதிர்காலம் பிரகாசமாக உள்ளது. ரோபோடிக்ஸ் தொழில்நுட்பம் தொடர்ந்து வளர்ந்து வருகிறது,

மேலும் ரோபோக்களின் பயன்பாடு அதிகரித்து வருகிறது.

வேளாண்மையில் ரோபோடிக்ஸின் எதிர்காலம் பின்வருமாறு:

- ரோபோக்களின் பயன்பாடு அதிகரிக்கும்: ரோபோக்களின் பயன்பாடு அதிகரித்து வருவதால், வேளாண்மையில் ரோபோடிக்ஸ் இன்னும் முக்கியத்துவம் பெறும்.

- ரோபோக்கள் இன்னும் ஸ்மார்ட் மற்றும் திறமையானதாக மாறும்: ரோபோடிக்ஸ் தொழில்நுட்பம் தொடர்ந்து வளர்ந்து வருவதால், ரோபோக்கள் இன்னும் ஸ்மார்ட் மற்றும் திறமையானதாக மாறும்.

கட்டுமானத்தில் ரோபோடிக்ஸ்

ரோபோடிக்ஸ் என்பது இயந்திரங்கள் மற்றும் கணினி அறிவியலின் ஒரு கிளை ஆகும், இது மனிதர்களுக்குப் பதிலாக பணிகளைச் செய்யக்கூடிய இயந்திரங்களை உருவாக்குவதை நோக்கமாகக் கொண்டுள்ளது. கட்டுமானத்தில் ரோபோடிக்ஸ் என்பது கட்டுமான செயல்முறைகளில் ரோபோக்களைப் பயன்படுத்தும் செயல்முறையாகும்.

கட்டுமானத்தில் ரோபோடிக்ஸின் பயன்பாடுகள்

கட்டுமானத்தில் ரோபோடிக்ஸ் பல்வேறு வழிகளில் பயன்படுத்தப்படுகிறது. சில பொதுவான பயன்பாடுகள் பின்வருமாறு:

- கட்டுமானப் பொருட்களைக் கையாளுதல்: ரோபோக்கள் கட்டுமானப் பொருட்களைத் தூக்குதல், இறக்குதல் மற்றும் நகர்த்தப் பயன்படுத்தப்படலாம். இது மனித உழைப்பின் தேவையைக் குறைக்க உதவுகிறது.

- கட்டிடங்களைக் கட்டமைத்தல்: ரோபோக்கள் சுவர்கள் கட்டுதல், கூரை அமைத்தல் மற்றும் பிற கட்டிடத் தொழில்நுட்பங்களைச் செய்யப் பயன்படுத்தப்படலாம். இது செயல்திறனை

மேம்படுத்தவும், செலவுகளைக் குறைக்கவும் உதவுகிறது.

- பழுதுபார்த்தல் மற்றும் பராமரிப்பு: ரோபோக்கள் கட்டிடங்களைப் பழுதுபார்ப்பதற்கும் பராமரிப்பதற்கும் பயன்படுத்தப்படலாம். இது பாதுகாப்பை மேம்படுத்தவும், செலவுகளைக் குறைக்கவும் உதவுகிறது.

கட்டுமானத்தில் ரோபோடிக்ஸின் நன்மைகள்

கட்டுமானத்தில் ரோபோடிக்ஸின் பல நன்மைகள் உள்ளன. சில முக்கிய நன்மைகள் பின்வருமாறு:

- செயல்திறன்: ரோபோக்கள் மனிதர்களைக் காட்டிலும் அதிக திறமையுடன் பணிகளைச் செய்ய முடியும். இது செயல்திறனை மேம்படுத்தவும், செலவுகளைக் குறைக்கவும் உதவுகிறது.

- பாதுகாப்பு: ரோபோக்கள் மனிதர்களுக்கு ஆபத்தான பணிகளைச் செய்ய முடியும், இது பாதுகாப்பை மேம்படுத்த உதவுகிறது.

- சுற்றுச்சூழல்: ரோபோக்கள் குறைந்த ஆற்றல் நுகர்வைக் கொண்டுள்ளன, இது சுற்றுச்சூழலைப் பாதுகாக்க உதவுகிறது.

கட்டுமானத்தில் ரோபோடிக்ஸின் சவால்கள்

கட்டுமானத்தில் ரோபோடிக்ஸுக்கு சில சவால்களும் உள்ளன. சில முக்கிய சவால்கள் பின்வருமாறு:

- செலவுகள்: ரோபோக்கள் மனிதர்களைக் காட்டிலும் அதிக செலவு வாய்ந்தவை.

- சட்டம்: ரோபோக்களின் பயன்பாட்டை ஒழுங்குபடுத்தும் சட்டங்கள் இன்னும் வளர்ந்து வருகின்றன.

- மனித-ரோபோ தொடர்பு: மனிதர்களுக்கும் ரோபோக்களுக்கும் இடையே நல்ல தொடர்பு அவசியம், இது இன்னும் ஒரு சவாலாக உள்ளது.

கட்டுமானத்தில் ரோபோடிக்ஸின் எதிர்காலம்

கட்டுமானத்தில் ரோபோடிக்ஸின் எதிர்காலம் பிரகாசமாக உள்ளது. ரோபோடிக்ஸ் தொழில்நுட்பம் தொடர்ந்து வளர்ந்து வருகிறது, மேலும் ரோபோக்களின் பயன்பாடு அதிகரித்து வருகிறது.

கட்டுமானத்தில் ரோபோடிக்ஸின் எதிர்காலம் பின்வருமாறு:

- ரோபோக்களின் பயன்பாடு அதிகரிக்கும்: ரோபோக்களின் பயன்பாடு அதிகரித்து வருவதால், கட்டுமானத்தில்

ரோபோடிக்ஸ் இன்னும் முக்கியத்துவம் பெறும்.

- ரோபோக்கள் இன்னும் ஸ்மார்ட் மற்றும் திறமையானதாக மாறும்: ரோபோடிக்ஸ் தொழில்நுட்பம் தொடர்ந்து வளர்ந்து வருவதால், ரோபோக்கள் இன்னும் ஸ்மார்ட் மற்றும் திறமையானதாக மாறும்.

- ரோபோடிக்ஸ் புதிய கட்டுமான தொழில்நுட்பங்களை உருவாக்க உதவும்: ரோபோடிக்ஸ் புதிய கட்டுமான தொழில்நுட்பங்களை உருவாக்க உதவும், இது கட்டுமானத்தை மேலும் திறமையாகவும் பாதுகாப்பாகவும் செய்ய உதவும்.

பிற துறைகளில் ரோபோடிக்ஸ்

ரோபோடிக்ஸ் என்பது இயந்திரங்கள் மற்றும் கணினி அறிவியலின் ஒரு கிளை ஆகும், இது மனிதர்களுக்குப் பதிலாக பணிகளைச் செய்யக்கூடிய இயந்திரங்களை உருவாக்குவதை நோக்கமாகக் கொண்டுள்ளது. ரோபோடிக்ஸ் பல்வேறு துறைகளில் பயன்படுத்தப்படுகிறது, அவற்றில் சில பின்வருமாறு:

- உற்பத்தி: ரோபோக்கள் உற்பத்தி செயல்முறைகளில் பரவலாகப் பயன்படுத்தப்படுகின்றன. அவை தானியங்கிமயமாக்கல், செயல்திறன் மேம்பாடு மற்றும் தர மேம்பாடு ஆகியவற்றுக்கு உதவுகின்றன.

- சுகாதாரம்: ரோபோக்கள் சுகாதார பராமரிப்பு சேவைகளை வழங்குவதில் பயன்படுத்தப்படுகின்றன. அவை அறுவை சிகிச்சை, நோயாளி பராமரிப்பு மற்றும் மருந்து விநியோகம் ஆகியவற்றில் பயன்படுத்தப்படுகின்றன.

- தளவாடங்கள் மற்றும் போக்குவரத்து: ரோபோக்கள் தளவாடங்கள் மற்றும் போக்குவரத்து அமைப்புகளில் பயன்படுத்தப்படுகின்றன. அவை சரக்குகளைக் கையாளுதல், போக்குவரத்து மற்றும் போக்குவரத்து கட்டுப்பாடு ஆகியவற்றில் பயன்படுத்தப்படுகின்றன.

- வேளாண்மை: ரோபோக்கள் வேளாண் செயல்முறைகளில் பயன்படுத்தப்படுகின்றன. அவை நிலப்பரப்பை உழுதல், பயிர்களை நடவு செய்தல், பயிர்களை நீர் பாய்ச்சுதல் மற்றும் பயிர்களை அறுவடை செய்தல் ஆகியவற்றில் பயன்படுத்தப்படுகின்றன.

- கட்டுமானம்: ரோபோக்கள் கட்டுமான செயல்முறைகளில் பயன்படுத்தப்படுகின்றன. அவை கட்டுமானப் பொருட்களைக் கையாளுதல், கட்டிடங்களைக் கட்டமைத்தல் மற்றும் பழுதுபார்த்தல் மற்றும் பராமரிப்பு ஆகியவற்றில் பயன்படுத்தப்படுகின்றன.

இந்தத் துறைகளுக்கு மேலதிகமாக, ரோபோடிக்ஸ் பிற துறைகளிலும் பயன்படுத்தப்படுகிறது, அவற்றில் சில பின்வருமாறு:

- ஆராய்ச்சி மற்றும் மேம்பாடு: ரோபோக்கள் ஆராய்ச்சி மற்றும் மேம்பாடு செயல்முறைகளில் பயன்படுத்தப்படுகின்றன. அவை சோதனைகள் மற்றும் பரிசோதனைகளைச் செய்வதற்கும், புதிய தொழில்நுட்பங்களை உருவாக்குவதற்கும் பயன்படுத்தப்படுகின்றன.

- சேவை: ரோபோக்கள் சேவைத் துறைகளில் பயன்படுத்தப்படுகின்றன. அவை உணவகங்கள், ஹோட்டல்கள் மற்றும் வணிகங்கள் ஆகியவற்றில் பயன்படுத்தப்படுகின்றன.

- பீடோமெகானிக்ஸ்: ரோபோக்கள் பீடோமெகானிக்ஸ் துறையில் பயன்படுத்தப்படுகின்றன. அவை செயற்கை உறுப்புகள் மற்றும் இயந்திரங்களை உருவாக்குவதற்கு பயன்படுத்தப்படுகின்றன.

ரோபோடிக்ஸ் தொழில்நுட்பம் தொடர்ந்து வளர்ந்து வருகிறது, மேலும் ரோபோக்களின் பயன்பாடு அதிகரித்து வருகிறது. ரோபோடிக்ஸ் பல்வேறு துறைகளில் மாற்றத்தை ஏற்படுத்துகிறது, மேலும் அது எதிர்காலத்தில் இன்னும் முக்கியத்துவம் பெறும் என்று எதிர்பார்க்கப்படுகிறது.

பிற துறைகளில் ரோபோடிக்ஸின் சில குறிப்பிட்ட பயன்பாடுகள் பின்வருமாறு:

- ராணுவம்: ரோபோக்கள் ராணுவத்தில் பயன்படுத்தப்படுகின்றன. அவை கண்காணிப்பு, தாக்குதல் மற்றும் வெடிகுண்டு அகற்றுதல் ஆகியவற்றில் பயன்படுத்தப்படுகின்றன.

- தீயணைப்பு: ரோபோக்கள் தீயணைப்புத் துறையில் பயன்படுத்தப்படுகின்றன. அவை தீயை அணைக்கவும், மீட்புக்குழுக்களுக்கு உதவவும் பயன்படுத்தப்படுகின்றன.

- விண்வெளி: ரோபோக்கள் விண்வெளியில் பயன்படுத்தப்படுகின்றன. அவை புதிய விண்கலங்களை உருவாக்குவதற்கும், விண்வெளி வீரர்களுக்கு உதவுவதற்கும் பயன்படுத்தப்படுகின்றன.

ரோபோடிக்ஸின் பயன்பாடுகள் தொடர்ந்து விரிவடைந்து வருகின்றன. எதிர்காலத்தில், ரோபோக்கள் இன்னும் பல துறைகளில் பயன்படுத்தப்படும் என்று எதிர்பார்க்கப்படுகிறது.

அத்தியாயம் 4: ரோபோடிக்ஸ் சவால்கள் மற்றும் வாய்ப்புகள்

ரோபோடிக்ஸ் நெறி சார்ந்த கருத்துகள்

ரோபோடிக்ஸ் என்பது இயந்திரங்கள் மற்றும் கணினி அறிவியலின் ஒரு கிளை ஆகும், இது மனிதர்களுக்குப் பதிலாக பணிகளைச் செய்யக்கூடிய இயந்திரங்களை உருவாக்குவதை நோக்கமாகக் கொண்டுள்ளது. ரோபோடிக்ஸின் வளர்ச்சி, மனிதர்களுக்கும் ரோபோக்களுக்கும் இடையிலான உறவு மற்றும் சமூகத்தில் ரோபோக்களின் பங்கு ஆகியவற்றைப் பற்றிய பல நெறிசார்ந்த கேள்விகளை எழுப்பியுள்ளது.

ரோபோடிக்ஸ் நெறி சார்ந்த சில முக்கிய கருத்துக்கள் பின்வருமாறு:

- தானியங்கிமயமாக்கல்: ரோபோடிக்ஸ் தானியங்கிமயமாக்கலுக்கு வழிவகுக்கிறது, இது மனித உழைப்பைக் குறைக்கிறது. இது வேலை இழப்பு, சமத்துவமின்மை மற்றும் சமூக பாதுகாப்பு ஆகிய சிக்கல்களை எழுப்பும்.

- பாதுகாப்பு: ரோபோக்கள் ஆபத்தான அல்லது கடினமான பணிகளைச் செய்ய பயன்படுத்தப்படலாம். இருப்பினும், ரோபோ

க்கள் விபத்துகள் அல்லது சேதங்களுக்கு வழிவகுக்கும் வாய்ப்பு உள்ளது.

* சுதந்திரம் மற்றும் சுயாதீனம்: ரோபோக்கள் சிக்கலான பணிகளைச் செய்யக் கற்றுக்கொள்ளலாம். இது ரோபோக்களுக்கு சுதந்திரம் மற்றும் சுயாதீனம் வழங்கப்பட வேண்டும் என்ற கேள்வியை எழுப்புகிறது.

* மனிதநேயம்: ரோபோக்கள் மனிதர்களுக்கு ஆபத்தை விளைவிக்காமல் இருக்க வேண்டும். இது ரோபோக்களின் வடிவமைப்பு மற்றும் பயன்பாட்டிற்கு விதிகள் மற்றும் கட்டுப்பாடுகளை வகுக்க தேவைப்படுகிறது.

ரோபோடிக்ஸ் நெறி சார்ந்த சில குறிப்பிட்ட பிரச்சனைகள் பின்வருமாறு:

* ரோபோக்கள் போர் பயன்படுத்தப்படுகின்றன: ரோபோக்கள் ராணுவத்தில் கண்காணிப்பு, தாக்குதல் மற்றும் வெடிகுண்டு அகற்றுதல் ஆகியவற்றில் பயன்படுத்தப்படுகின்றன. இது போரில் மனித உயிர் சேதத்தைக் குறைக்க உதவும், ஆனால் இது போர் நடவடிக்கைகளில் மனிதக் கட்டுப்பாட்டை குறைக்கும்.

* ரோபோக்கள் சுயாதீனமாக செயல்படுகின்றன: ரோபோக்கள்

சிக்கலான பணிகளைச் செய்யக் கற்றுக்கொள்ளலாம். இது ரோபோக்களுக்கு சுதந்திரம் மற்றும் சுயாதீனம் வழங்கப்பட வேண்டும் என்ற கேள்வியை எழுப்புகிறது. ரோபோக்கள் சுயாதீனமாக செயல்பட அனுமதிக்கப்பட்டால், அவை மனிதர்களுக்கு ஆபத்தை விளைவிக்கலாம்.

- ரோபோக்கள் மனிதர்களுக்கு மாற்றப்படுகின்றன: ரோபோக்கள் சிக்கலான பணிகளைச் செய்ய முடியும். இது ரோபோக்கள் மனிதர்களுக்கு மாற்றப்படலாம் என்ற கேள்வியை எழுப்புகிறது. ரோபோக்கள் மனிதர்களுக்கு மாற்றப்பட்டால், இது வேலை இழப்பு, சமத்துவமின்மை மற்றும் சமூக பாதுகாப்பு ஆகிய சிக்கல்களை ஏற்படுத்தும்.

ரோபோடிக்ஸ் நெறி சார்ந்த சிக்கல்களைத் தீர்க்க, பல கருத்துக்கள் முன்மொழியப்பட்டுள்ளன:

- ரோபோடிக்ஸ் நெறி சார்ந்த சட்டங்கள்: ரோபோடிக்ஸ் நெறி சார்ந்த சட்டங்கள் ரோபோக்களின் வடிவமைப்பு மற்றும் பயன்பாட்டை ஒழுங்குபடுத்தும்.

- ரோபோடிக்ஸ் நெறி சார்ந்த கொள்கைகள்: ரோபோடிக்ஸ் நெறி சார்ந்த கொள்கைகள் ரோபோக்களின் வடிவமைப்பு

மற்றும் பயன்பாட்டில் பின்பற்றப்பட வேண்டிய தரநிலைகளை வழங்கும்.

• ரோபோடிக்ஸ் நெறி சார்ந்த கல்வி: ரோபோடிக்ஸ் நெறி சார்ந்த கல்வி ரோபோடிக்ஸ் நிபுணர்களுக்கு நெறி சார்ந்த சிக்கல்களைப் புரிந்துகொள்ளவும், அவற்றை தீர்க்கவும் உதவும்.

ரோபோடிக்ஸ் தொழில்நுட்பம் தொடர்ந்து வளர்ந்து வருகிறது.

ரோபோடிக்ஸ் பொருளாதார தாக்கம்

ரோபோடிக்ஸ் என்பது இயந்திரங்கள் மற்றும் கணினி அறிவியலின் ஒரு கிளை ஆகும், இது மனிதர்களுக்குப் பதிலாக பணிகளைச் செய்யக்கூடிய இயந்திரங்களை உருவாக்குவதை நோக்கமாகக் கொண்டுள்ளது. ரோபோடிக்ஸ் தொழில்நுட்பம் தொடர்ந்து வளர்ந்து வருகிறது, மேலும் ரோபோக்களின் பயன்பாடு அதிகரித்து வருகிறது. ரோபோடிக்ஸ் பொருளாதாரத்தில் குறிப்பிடத்தக்க தாக்கத்தை ஏற்படுத்துகிறது.

ரோபோடிக்ஸ் பொருளாதாரத்தில் ஏற்படுத்தக்கூடிய சில நேர்மறையான தாக்கங்கள் பின்வருமாறு:

- செயல்திறன் மேம்பாடு: ரோபோக்கள் மனிதர்களுக்குப் பதிலாக பணிகளைச் செய்யக்கூடும், இது செயல்திறனை மேம்படுத்த உதவுகிறது. இது உற்பத்தித்திறன், தரம் மற்றும் செலவு ஆகியவற்றை மேம்படுத்த உதவும்.

- புதிய வேலைவாய்ப்புகள்: ரோபோடிக்ஸ் புதிய வேலைவாய்ப்புகளை உருவாக்க உதவும். ரோபோக்களின் பராமரிப்பு, பழுதுபார்ப்பு மற்றும் நிர்வாகம் போன்ற பணிகளுக்கு புதிய வேலை வாய்ப்புகள் தேவைப்படும்.

- புதிய தொழில்நுட்பங்கள்: ரோபோடிக்ஸ் புதிய தொழில்நுட்பங்களை உருவாக்க உதவும். ரோபோக்கள் உற்பத்தி, சேவை மற்றும் பிற துறைகளில் புதிய வாய்ப்புகளை உருவாக்க உதவும்.

ரோபோடிக்ஸ் பொருளாதாரத்தில் ஏற்படுத்தக்கூடிய சில எதிர்மறையான தாக்கங்கள் பின்வருமாறு:

- வேலை இழப்பு: ரோபோக்கள் மனிதர்களுக்குப் பதிலாக பணிகளைச் செய்யக்கூடும், இது வேலை இழப்புக்கு வழிவகுக்கும். இது சமத்துவமின்மை மற்றும் சமூக பாதுகாப்பு ஆகிய சிக்கல்களை ஏற்படுத்தும்.

- பாதுகாப்பு: ரோபோக்கள் விபத்துகள் அல்லது சேதங்களுக்கு வழிவகுக்கும் வாய்ப்பு உள்ளது. இது பாதுகாப்பு சிக்கல்களை ஏற்படுத்தும்.

- நெறிசார்ந்த கேள்விகள்: ரோபோடிக்ஸ் நெறிசார்ந்த சிக்கல்களை எழுப்புகிறது. இந்த சிக்கல்கள் தீர்க்கப்படாவிட்டால், அது சமூக மற்றும் அரசியல் ஸ்திரத்தன்மைக்கு அச்சுறுத்தலாக இருக்கலாம்.

ரோபோடிக்ஸ் பொருளாதாரத்தில் ஏற்படுத்தக்கூடிய தாக்கத்தைக் குறைக்க, பின்வரும் நடவடிக்கைகள் எடுக்கப்படலாம்:

- புதிய திறன்களைக் கற்றுக்கொள்ள பயிற்சி: ரோபோடிக்ஸ் காரணமாக வேலை இழப்பு ஏற்படும் போது, புதிய திறன்களைக் கற்றுக்கொள்ள பயிற்சி வழங்கப்பட வேண்டும். இது வேலை இழப்பைத் தடுக்கவும், புதிய வேலை வாய்ப்புகளைப் பெறவும் உதவும்.

- பாதுகாப்பு விதிகள் மற்றும் கட்டுப்பாடுகள்: ரோபோக்களின் பாதுகாப்பு உறுதிசெய்ய, பாதுகாப்பு விதிகள் மற்றும் கட்டுப்பாடுகள் வகுக்கப்பட வேண்டும்.

- நெறிசார்ந்த விவாதங்கள்: ரோபோடிக்ஸ் நெறிசார்ந்த சிக்கல்கள் குறித்து விவாதிக்க வேண்டும். இந்த சிக்கல்கள் தீர்க்கப்பட வேண்டும், இதனால் சமூக மற்றும் அரசியல் ஸ்திரத்தன்மை பாதுகாக்கப்படும்.

ரோபோடிக்ஸ் தொழில்நுட்பம் தொடர்ந்து வளர்ந்து வருகிறது. எனவே, ரோபோடிக்ஸ் பொருளாதாரத்தில் ஏற்படுத்தக்கூடிய தாக்கத்தைப் பற்றிய விழிப்புணர்வு அவசியம். ரோபோடிக்ஸ் நன்மைகளைப் பெறவும், அதன் தீங்கு விளைவிக்கும் தாக்கத்தைக் குறைக்கவும் நடவடிக்கை எடுக்கப்பட வேண்டும்.

ரோபோடிக்ஸ் வேலை இழப்பு கவலைகள்

ரோபோடிக்ஸ் என்பது இயந்திரங்கள் மற்றும் கணினி அறிவியலின் ஒரு கிளை ஆகும், இது மனிதர்களுக்குப் பதிலாக பணிகளைச் செய்யக்கூடிய இயந்திரங்களை உருவாக்குவதை நோக்கமாகக் கொண்டுள்ளது. ரோபோடிக்ஸ் தொழில்நுட்பம் தொடர்ந்து வளர்ந்து வருகிறது, மேலும் ரோபோக்களின் பயன்பாடு அதிகரித்து வருகிறது. இதனால், ரோபோடிக்ஸ் காரணமாக வேலை இழப்பு ஏற்படும் கவலைகள் அதிகரித்து வருகின்றன.

ரோபோடிக்ஸ் வேலை இழப்பு ஏற்படும் காரணங்கள்

ரோபோடிக்ஸ் வேலை இழப்பு ஏற்படுவதற்கு பின்வரும் காரணங்கள் உள்ளன:

- ரோபோக்கள் மனிதர்களைக் காட்டிலும் அதிக திறமையுடன் பணிகளைச் செய்ய முடியும். ரோபோக்கள் 24 மணி நேரமும், 7 நாட்கள் தொடர்ந்து பணியாற்ற முடியும். அவை மனிதர்களைப் போல ஓய்வு அல்லது விடுமுறை எடுக்க வேண்டிய அவசியம் இல்லை. மேலும், ரோபோக்கள் மனிதர்களைக் காட்டிலும் குறைந்த செலவில் பணியாற்ற முடியும்.

- ரோபோக்களின் பயன்பாடு புதிய தொழில்நுட்பங்களை உருவாக்க வழிவகுக்கிறது. இந்த புதிய தொழில்நுட்பங்கள் சில நேரங்களில் மனிதர்களால் செய்ய முடியாத பணிகளைச் செய்ய ரோபோக்களைப் பயன்படுத்துகின்றன.

ரோபோடிக்ஸ் வேலை இழப்பு ஏற்படும் தாக்கம்

ரோபோடிக்ஸ் வேலை இழப்பு ஏற்படுவது பின்வரும் தாக்கங்களை ஏற்படுத்தும்:

- வேலையின்மை: ரோபோடிக்ஸ் காரணமாக வேலை இழப்பு ஏற்படும் போது, அவர்கள் புதிய வேலை வாய்ப்புகளைப் பெற முடியாதவர்கள் வேலையின்மைக்கு ஆளாக நேரிடும்.

- சமத்துவமின்மை: ரோபோடிக்ஸ் காரணமாக வேலை இழப்பு ஏற்படும் போது, அது சமத்துவமின்மையை அதிகரிக்கக்கூடும். உயர் கல்வி மற்றும் திறன் கொண்டவர்கள் புதிய வேலை வாய்ப்புகளைப் பெற முடியும், ஆனால் குறைந்த கல்வி மற்றும் திறன் கொண்டவர்கள் வேலை இழப்புக்கு ஆளாக நேரிடும்.

- சமூக பாதுகாப்பு: ரோபோடிக்ஸ் காரணமாக வேலை இழப்பு ஏற்படும் போது,

அது சமூக பாதுகாப்பு அமைப்புகளுக்கு அழுத்தத்தை ஏற்படுத்தும். அரசாங்கங்கள் வேலை இழந்தவர்களுக்கு உதவுவதற்கான திட்டங்களை வழங்க வேண்டும்.

ரோபோடிக்ஸ் வேலை இழப்பு கவலைகளைப் போக்குவது

ரோபோடிக்ஸ் வேலை இழப்பு கவலைகளைப் போக்க பின்வரும் நடவடிக்கைகள் எடுக்கப்படலாம்:

- புதிய திறன்களைக் கற்றுக்கொள்ள பயிற்சி: ரோபோடிக்ஸ் காரணமாக வேலை இழப்பு ஏற்படும் போது, புதிய திறன்களைக் கற்றுக்கொள்ள பயிற்சி வழங்கப்பட வேண்டும். இது வேலை இழப்பைத் தடுக்கவும், புதிய வேலை வாய்ப்புகளைப் பெறவும் உதவும்.

- பாதுகாப்பு விதிகள் மற்றும் கட்டுப்பாடுகள்: ரோபோக்களின் பாதுகாப்பு உறுதிசெய்ய, பாதுகாப்பு விதிகள் மற்றும் கட்டுப்பாடுகள் வகுக்கப்பட வேண்டும். இது வேலை இழப்பைத் தடுக்கவும், புதிய வேலை வாய்ப்புகளை உருவாக்கவும் உதவும்.

- நெறிசார்ந்த விவாதங்கள்: ரோபோடிக்ஸ் நெறிசார்ந்த சிக்கல்கள் குறித்து விவாதிக்க வேண்டும். இந்த சிக்கல்கள் தீர்க்கப்பட

வேண்டும், இதனால் சமூக மற்றும் அரசியல் ஸ்திரத்தன்மை பாதுகாக்கப்படும்.

ரோபோடிக்ஸ் தொழில்நுட்பம் தொடர்ந்து வளர்ந்து வருகிறது. எனவே, ரோபோடிக்ஸ் வேலை இழப்பு கவலைகளைப் போக்க நடவடிக்கை எடுக்க வேண்டும்.

ரோபோடிக்ஸ் பாதுகாப்பு அபாயங்கள்

ரோபோடிக்ஸ் என்பது இயந்திரங்கள் மற்றும் கணினி அறிவியலின் ஒரு கிளை ஆகும், இது மனிதர்களுக்குப் பதிலாக பணிகளைச் செய்யக்கூடிய இயந்திரங்களை உருவாக்குவதை நோக்கமாகக் கொண்டுள்ளது. ரோபோடிக்ஸ் தொழில்நுட்பம் தொடர்ந்து வளர்ந்து வருகிறது, மேலும் ரோபோக்களின் பயன்பாடு அதிகரித்து வருகிறது. இதனால், ரோபோடிக்ஸ் காரணமாக பாதுகாப்பு அபாயங்கள் ஏற்படும் கவலைகள் அதிகரித்து வருகின்றன.

ரோபோடிக்ஸ் பாதுகாப்பு அபாயங்கள் பின்வருமாறு:

- மனிதர்களுக்கு காயம் அல்லது மரணம்: ரோபோக்கள் தவறுதலாக அல்லது தவறான கட்டளைகள் காரணமாக மனிதர்களுக்கு காயம் அல்லது மரணம் ஏற்படலாம்.

- சமுதாயத்திற்கு சேதம்: ரோபோக்கள் தவறாகப் பயன்படுத்தப்பட்டால், அது சமூகத்திற்கு சேதம் விளைவிக்கும். எடுத்துக்காட்டாக, ரோபோக்கள் ஆயுதங்களாகப் பயன்படுத்தப்பட்டால், அவை போர் அல்லது வன்முறைக்கு வழிவகுக்கும்.

- சுற்றுச்சூழல் பாதிப்பு: ரோபோக்கள் சுற்றுச்சூழலைப் பாதிக்கலாம். எடுத்துக்காட்டாக, ரோபோக்கள் பயன்படுத்தும் ஆற்றல் சுற்றுச்சூழல் மாசுபடுவதற்கு வழிவகுக்கும்.

ரோபோடிக்ஸ் பாதுகாப்பு அபாயங்களைக் குறைக்க பின்வரும் நடவடிக்கைகள் எடுக்கப்படலாம்:

- ரோபோக்களின் பாதுகாப்பு வடிவமைப்பு மற்றும் பராமரிப்பு: ரோபோக்களின் பாதுகாப்பு வடிவமைப்பு மற்றும் பராமரிப்புக்கு அதிக கவனம் செலுத்தப்பட வேண்டும். இது மனிதர்களுக்கும் சமூகத்திற்கும் ஏற்படக்கூடிய பாதுகாப்பு அபாயங்களைக் குறைக்க உதவும்.

- ரோபோக்களின் பயன்பாட்டை ஒழுங்குபடுத்தும் விதிகள் மற்றும் கட்டுப்பாடுகள்: ரோபோக்களின் பயன்பாட்டை ஒழுங்குபடுத்தும் விதிகள் மற்றும் கட்டுப்பாடுகள் வகுக்கப்பட வேண்டும். இது ரோபோக்களை தவறாகப் பயன்படுத்துவதைத் தடுக்க உதவும்.

- ரோபோடிக்ஸ் குறித்த விழிப்புணர்வு: ரோபோடிக்ஸ் குறித்த விழிப்புணர்வு அதிகரிக்கப்பட வேண்டும். இது மக்களுக்கு ரோபோக்களின் பாதுகாப்பு

அபாயங்களைப் பற்றி அறிந்துகொள்ள உதவும்.

ரோபோடிக்ஸ் தொழில்நுட்பம் தொடர்ந்து வளர்ந்து வருகிறது. எனவே, ரோபோடிக்ஸ் பாதுகாப்பு அபாயங்களைக் குறைக்க நடவடிக்கை எடுக்க வேண்டும்.

ரோபோடிக்ஸ் சவால்களை சமாளித்தல்

ரோபோடிக்ஸ் என்பது இயந்திரங்கள் மற்றும் கணினி அறிவியலின் ஒரு கிளை ஆகும், இது மனிதர்களுக்குப் பதிலாக பணிகளைச் செய்யக்கூடிய இயந்திரங்களை உருவாக்குவதை நோக்கமாகக் கொண்டுள்ளது. ரோபோடிக்ஸ் தொழில்நுட்பம் தொடர்ந்து வளர்ந்து வருகிறது, மேலும் ரோபோக்களின் பயன்பாடு அதிகரித்து வருகிறது. இதனால், ரோபோடிக்ஸ் சவால்களை சமாளிப்பது அவசியமாகிறது.

ரோபோடிக்ஸ் சவால்கள் பின்வருமாறு:

- ரோபோக்களின் செலவு: ரோபோக்கள் இன்னும் மனித உழைப்பை விட அதிக செலவு வாய்ந்தவை.

- ரோபோக்களின் நம்பகத்தன்மை: ரோபோக்கள் இன்னும் சில நேரங்களில் தவறுகள் செய்கின்றன.

- ரோபோக்களின் படைப்பு திறன்: ரோபோக்கள் இன்னும் சிக்கலான பணிகளைச் செய்யும் திறனைக் கொண்டிருக்கவில்லை.

- ரோபோக்களின் பாதுகாப்பு: ரோபோக்கள் மனிதர்களுக்கும் சமூகத்திற்கும் பாதுகாப்பானவைதானா என்பது பற்றிய கவலைகள் உள்ளன.

ரோபோடிக்ஸ் சவால்களை சமாளிக்க பின்வரும் நடவடிக்கைகள் எடுக்கப்படலாம்:

* ரோபோக்களின் செலவைக் குறைக்க: ரோபோக்களின் தயாரிப்பு மற்றும் பராமரிப்பு செலவைக் குறைக்க ஆராய்ச்சி மேற்கொள்ளப்பட வேண்டும்.

* ரோபோக்களின் நம்பகத்தன்மையை மேம்படுத்த: ரோபோக்களின் வடிவமைப்பு மற்றும் செயல்பாட்டில் மேம்பாடுகள் செய்யப்பட வேண்டும்.

* ரோபோக்களின் படைப்பு திறனை மேம்படுத்த: ரோபோக்களுக்கு கற்றல் மற்றும் தகவல் செயலாக்க திறன்களை மேம்படுத்த ஆராய்ச்சி மேற்கொள்ளப்பட வேண்டும்.

* ரோபோக்களின் பாதுகாப்பை உறுதிசெய்ய: ரோபோக்களின் பாதுகாப்பு வடிவமைப்பில் மேம்பாடுகள் செய்யப்பட வேண்டும்.

ரோபோடிக்ஸ் தொழில்நுட்பம் தொடர்ந்து வளர்ந்து வருகிறது. எனவே, ரோபோடிக்ஸ் சவால்களை சமாளிக்க தொடர்ந்து ஆராய்ச்சி மற்றும் மேம்பாடு தேவைப்படுகிறது.

ரோபோடிக்ஸ் சவால்களை சமாளிக்க சில குறிப்பிட்ட எடுத்துக்காட்டுகள் பின்வருமாறு:

- ரோபோக்களின் செலவைக் குறைக்க: ரோபோக்களின் உற்பத்தி செலவைக் குறைக்க புதிய பொருட்கள் மற்றும் தொழில்நுட்பங்கள் உருவாக்கப்படுகின்றன. எடுத்துக்காட்டாக, 3D அச்சு தொழில்நுட்பம் ரோபோக்களின் உற்பத்தியை மலிவாக்கும் என்று எதிர்பார்க்கப்படுகிறது.

- ரோபோக்களின் நம்பகத்தன்மையை மேம்படுத்த: ரோபோக்களின் வடிவமைப்பில் செயல்பாட்டு பிழைகளை தடுக்க மேம்பாடுகள் செய்யப்படுகின்றன. எடுத்துக்காட்டாக, ரோ போக்களின் சென்சார்கள் மற்றும் செயலிகள் மேம்படுத்தப்படுகின்றன.

- ரோபோக்களின் படைப்பு திறனை மேம்படுத்த: ரோபோக்களுக்கு கற்றல் மற்றும் தகவல் செயலாக்க திறன்களை மேம்படுத்த ஆராய்ச்சி மேற்கொள்ளப்படுகிறது. எடுத்துக்காட்டாக, செயற்கை நுண்ணறிவு தொழில்நுட்பம் ரோபோக்களின் படைப்பு திறனை மேம்படுத்தப் பயன்படுத்தப்படுகிறது.

- ரோபோக்களின் பாதுகாப்பை உறுதிசெய்ய: ரோபோக்களின் பாதுகாப்பு வடிவமைப்பில் மேம்பாடுகள் செய்யப்படுகின்றன. எடுத்துக்காட்டாக, ரோ போக்களுக்கு தனிமைப்படுத்தப்பட்ட

பகுதிகள் மற்றும் பாதுகாப்பு சென்சார்கள் வழங்கப்படுகின்றன.

ரோபோடிக்ஸ் சவால்களை சமாளிக்க பல்வேறு துறைகளின் நிபுணர்கள் ஒன்றிணைந்து பணியாற்ற வேண்டும். இந்த சவால்களை சமாளிக்க முடியும் என்றால், ரோபோடிக்ஸ் மனித வாழ்க்கையை மேம்படுத்த ஒரு சக்திவாய்ந்த கருவியாக மாறும்.

Chapter 5: The Future of Robotics
அத்தியாயம் 5: ரோபோடிக்ஸ் எதிர்காலம்

உலகளாவிய சவால்களை தீர்க்க ரோபோடிக்ஸ் திறன்

ரோபோடிக்ஸ் என்பது இயந்திரங்கள் மற்றும் கணினி அறிவியலின் ஒரு கிளை ஆகும், இது மனிதர்களுக்குப் பதிலாக பணிகளைச் செய்யக்கூடிய இயந்திரங்களை உருவாக்குவதை நோக்கமாகக் கொண்டுள்ளது. ரோபோடிக்ஸ் தொழில்நுட்பம் தொடர்ந்து வளர்ந்து வருகிறது, மேலும் ரோபோக்களின் பயன்பாடு அதிகரித்து வருகிறது. இதனால், உலகளாவிய சவால்களை தீர்க்க ரோபோடிக்ஸ் பயன்படுத்த முடியும் என்ற எதிர்பார்ப்பு உள்ளது.

உலகளாவிய சவால்கள்

உலகில் பல சவால்கள் உள்ளன, அவை சுற்றுச்சூழல் மாசுபாடு, வறுமை, பசி மற்றும் போர் போன்றவை. இந்த சவால்களை தீர்க்க சர்வதேச சமூகம் பல முயற்சிகளை மேற்கொண்டு வருகிறது. இருப்பினும், இந்த சவால்களை தீர்க்க இன்னும் நிறைய வேலை இருக்கிறது.

ரோபோடிக்ஸ் தீர்வு

ரோபோடிக்ஸ் உலகளாவிய சவால்களை தீர்க்க ஒரு சக்திவாய்ந்த கருவியாக இருக்கலாம். ரோபோக்கள் மனிதர்களுக்கு ஆபத்தான அல்லது கடினமான பணிகளைச் செய்ய பயன்படுத்தப்படலாம். எடுத்துக்காட்டாக, ரோபோக்கள் வெடிகுண்டுகளை அகற்ற, தீயை அணைக்க அல்லது பாதிக்கப்பட்டவர்களுக்கு உதவ பயன்படுத்தப்படலாம்.

ரோபோடிக்ஸ் சுற்றுச்சூழல் மாசுபாட்டை குறைக்கவும் பயன்படுத்தப்படலாம். எடுத்துக்காட்டாக, ரோபோக்கள் கழிவுகளை சேகரிக்க, மாசுபடுத்தப்பட்ட நீரை சுத்தம் செய்ய அல்லது புதுப்பிக்கத்தக்க ஆற்றல் மூலங்களை உருவாக்க பயன்படுத்தப்படலாம்.

ரோபோடிக்ஸ் வறுமை மற்றும் பசியை குறைக்கவும் பயன்படுத்தப்படலாம். எடுத்துக்காட்டாக, ரோபோக்கள் விவசாயத்தை மேம்படுத்த, உணவை சேமிக்க அல்லது உணவு வழங்க பயன்படுத்தப்படலாம்.

ரோபோடிக்ஸ் போரைக் குறைக்கவும் பயன்படுத்தப்படலாம். எடுத்துக்காட்டாக, ரோபோக்கள் கண்காணிப்பு, போர் உபகரணங்களை பராமரிப்பு மற்றும் போரில் காயப்பட்டவர்களுக்கு உதவ பயன்படுத்தப்படலாம்.

ரோபோடிக்ஸ் மற்றும் உலகளாவிய சவால்கள்

ரோபோடிக்ஸ் உலகளாவிய சவால்களை தீர்க்க ஒரு சக்திவாய்ந்த கருவியாக இருக்கலாம். இருப்பினும், ரோபோடிக்ஸ் இந்த சவால்களை தீர்க்க ஒரு தீர்வு அல்ல என்பதை கவனத்தில் கொள்ள வேண்டும். ரோபோடிக்ஸ் ஒரு கருவி மட்டுமே, அதை நல்லது அல்லது தீமைக்குப் பயன்படுத்தலாம்.

ரோபோடிக்ஸ் உலகளாவிய சவால்களை தீர்க்க பயனுள்ளதாக இருக்க, பின்வரும் காரணிகளை கருத்தில் கொள்ள வேண்டும்:

- ரோபோக்களின் செலவு: ரோபோக்கள் இன்னும் மனித உழைப்பை விட அதிக செலவு வாய்ந்தவை. ரோபோக்களின் செலவைக் குறைக்க ஆராய்ச்சி மேற்கொள்ளப்பட வேண்டும்.

- ரோபோக்களின் நம்பகத்தன்மை: ரோபோக்கள் இன்னும் சில நேரங்களில் தவறுகள் செய்கின்றன. ரோபோக்களின் நம்பகத்தன்மையை மேம்படுத்த ஆராய்ச்சி மேற்கொள்ளப்பட வேண்டும்.

- ரோபோக்களின் படைப்பு திறன்: ரோபோக்கள் இன்னும் சிக்கலான பணிகளைச் செய்யும் திறனைக் கொண்டிருக்கவில்லை. ரோபோக்களின் படைப்பு திறனை மேம்படுத்த ஆராய்ச்சி மேற்கொள்ளப்பட வேண்டும்.

- ரோபோக்களின் பாதுகாப்பு: ரோபோக்கள் மனிதர்களுக்கும் சமூகத்திற்கும் பாதுகாப்பானவைதானா என்பது பற்றிய கவலைகள் உள்ளன. ரோபோக்களின் பாதுகாப்பை உறுதிசெய்ய ஆராய்ச்சி மேற்கொள்ளப்பட வேண்டும்.

இந்த காரணிகளை சமாளிக்க முடியும் என்றால், ரோபோடிக்ஸ் உலகளாவிய சவால்களை தீர்க்க ஒரு சக்திவாய்ந்த கருவியாக மாறும்.

மனித-ரோபோ ஒத்துழைப்பின் எதிர்காலம்

ரோபோடிக்ஸ் என்பது இயந்திரங்கள் மற்றும் கணினி அறிவியலின் ஒரு கிளை ஆகும், இது மனிதர்களுக்குப் பதிலாக பணிகளைச் செய்யக்கூடிய இயந்திரங்களை உருவாக்குவதை நோக்கமாகக் கொண்டுள்ளது. ரோபோடிக்ஸ் தொழில்நுட்பம் தொடர்ந்து வளர்ந்து வருகிறது, மேலும் ரோபோக்களின் பயன்பாடு அதிகரித்து வருகிறது. இதனால், மனிதர்கள் மற்றும் ரோபோக்கள் ஒன்றாகப் பணிபுரியும் எதிர்காலம் நெருங்கி வருகிறது.

மனித-ரோபோ ஒத்துழைப்பின் நன்மைகள்

மனித-ரோபோ ஒத்துழைப்பு பல நன்மைகளை வழங்கும். முதலாவதாக, இது மனித உழைப்பின் திறனை அதிகரிக்க உதவும். ரோபோக்கள் கடினமான, ஆபத்தான அல்லது மீண்டும் மீண்டும் செய்யப்படும் பணிகளைச் செய்ய மனிதர்களுக்கு உதவ முடியும். இது மனிதர்களுக்கு அதிக நேரம் மற்றும் ஆற்றலை அதிக சிக்கலான அல்லது புதுமையான பணிகளில் செலவிட அனுமதிக்கும்.

இரண்டாவதாக, மனித-ரோபோ ஒத்துழைப்பு புதிய வாய்ப்புகளை உருவாக்க உதவும். ரோபோக்கள் மனிதர்களுக்கு புதிய திறன்களை வழங்க முடியும். எடுத்துக்காட்டாக, ரோபோக்கள் மனிதர்களுக்கு அணுக முடியாத இடங்களுக்கு

செல்ல அல்லது ஆபத்தான சூழ்நிலைகளில் பணியாற்ற உதவ முடியும்.

மூன்றாவதாக, மனித-ரோபோ ஒத்துழைப்பு சமூகத்திற்கு பயனளிக்கும். ரோபோக்கள் சுகாதாரம், கல்வி மற்றும் போக்குவரத்து போன்ற பல்வேறு துறைகளில் மக்களுக்கு உதவ முடியும்.

மனித-ரோபோ ஒத்துழைப்பின் சவால்கள்

மனித-ரோபோ ஒத்துழைப்பில் சில சவால்கள் உள்ளன. முதலாவதாக, மனிதர்கள் மற்றும் ரோபோக்கள் ஒன்றாகச் செயல்பட வடிவமைக்கப்பட வேண்டும். இது மனிதர்களுக்கும் ரோபோக்களுக்கும் இடையேயான நம்பிக்கையையும் புரிதலையும் வளர்க்க தேவைப்படுகிறது.

இரண்டாவதாக, மனித-ரோபோ ஒத்துழைப்பு பாதுகாப்பாக இருக்க வேண்டும். ரோபோக்கள் மனிதர்களுக்கு தீங்கு விளைவிக்காமல் இருக்க அவற்றின் பாதுகாப்பு கருத்தில் கொள்ளப்பட வேண்டும்.

மூன்றாவதாக, மனித-ரோபோ ஒத்துழைப்பு சமத்துவத்தை ஊக்குவிக்க வேண்டும். ரோபோக்கள் மனிதர்களுக்கு வேலைகளைப் பெறுவதைத் தடுக்கக்கூடாது.

மனித-ரோபோ ஒத்துழைப்பின் எதிர்காலம

மனித-ரோபோ ஒத்துழைப்பு நம் வாழ்க்கையில் ஒரு முக்கிய பகுதியாக மாறும் என்று எதிர்பார்க்கப்படுகிறது. ரோபோக்கள் மனிதர்களுக்கு உதவும் மற்றும் நமது வாழ்க்கையை மேம்படுத்தும் புதிய வழிகளை நாம் தொடர்ந்து கண்டுபிடிப்போம்.

மனித-ரோபோ ஒத்துழைப்பின் சில குறிப்பிட்ட எடுத்துக்காட்டுகள் பின்வருமாறு:

- மருத்துவம்: ரோபோக்கள் அறுவை சிகிச்சை செய்ய, நோய்களைக் கண்டறிய மற்றும் மருந்துகளை வழங்க மனிதர்களுக்கு உதவ முடியும்.

- உற்பத்தி: ரோபோக்கள் உற்பத்தி செயல்முறைகளை மேம்படுத்த மற்றும் தவறுகளைக் குறைக்க மனிதர்களுக்கு உதவ முடியும்.

- போக்குவரத்து: ரோபோக்கள் வாகனங்களை ஓட்டுவது மற்றும் சுற்றுச்சூழல் பாதிப்பைக் குறைப்பது போன்ற பணிகளை மனிதர்களுக்கு உதவ முடியும்.

இந்த எடுத்துக்காட்டுகள் மனித-ரோபோ ஒத்துழைப்பு எவ்வாறு நம் வாழ்க்கையில் ஒரு முக்கிய பகுதியாக மாறலாம் என்பதைக் காட்டுகின்றன.

விண்வெளி ஆய்வில் ரோபோடிக்ஸ் பங்கு

விண்வெளி ஆய்வு என்பது மனிதகுலத்திற்காக புதிய அறிவைக் கண்டறியும் ஒரு முக்கிய பணி. விண்வெளி ஆய்வை மேற்கொள்ள, நாம் விண்கலங்களை அனுப்ப வேண்டும், அவை பல்வேறு பணிகளைச் செய்ய வேண்டும். இந்த பணிகளில் சில ஆபத்தான, கடினமான அல்லது மீண்டும் மீண்டும் செய்யப்படும் பணிகளாகும். ரோபோக்களைப் பயன்படுத்துவதன் மூலம், இந்த பணிகளை மனிதர்களுக்கு மாற்றாமல் செய்ய முடியும்.

விண்வெளி ஆய்வில் ரோபோக்களின் பயன்பாடு

விண்வெளி ஆய்வில் ரோபோக்களின் பயன்பாடு பின்வருமாறு:

- விண்கலங்களை கட்டமைத்தல் மற்றும் பராமரித்தல்: ரோபோக்களைப் பயன்படுத்தி விண்கலங்களை கட்டமைக்க மற்றும் பராமரிக்க முடியும். இது மனித உழைப்பின் தேவையைக் குறைக்கும் மற்றும் விண்கலங்களை கட்டமைக்கும் மற்றும் பராமரிக்கும் செயல்முறையை பாதுகாப்பாகவும் திறமையாகவும் மாற்றும்.

- புதிய கோள்களை ஆய்வு செய்தல்: ரோபோக்களைப் பயன்படுத்தி புதிய கோள்களை ஆய்வு செய்ய முடியும். இது

மனிதர்களுக்கு ஆபத்தான அல்லது கடினமான பணிகளைச் செய்ய அனுமதிக்கிறது. எடுத்துக்காட்டாக, ரோபோக்களைப் பயன்படுத்தி செவ்வாய் கிரகத்தின் மேற்பரப்பை ஆய்வு செய்ய முடியும்.

- புதிய தொழில்நுட்பங்களை மேம்படுத்துதல்: ரோபோக்களைப் பயன்படுத்தி புதிய தொழில்நுட்பங்களை மேம்படுத்த முடியும். எடுத்துக்காட்டாக, ரோபோக்களைப் பயன்படுத்தி விண்கலங்கள் மற்றும் விண்கலங்களுக்கு புதிய கருவிகள் மற்றும் அமைப்புகளை உருவாக்கலாம்.

விண்வெளி ஆய்வில் ரோபோடிக்ஸின் எதிர்காலம்

விண்வெளி ஆய்வில் ரோபோடிக்ஸ் முக்கிய பங்கு வகிக்கும் என்று எதிர்பார்க்கப்படுகிறது. ரோபோக்கள் விண்வெளி ஆய்வை மேம்படுத்தவும், மனிதர்களுக்கு ஆபத்தான அல்லது கடினமான பணிகளைச் செய்ய அனுமதிக்கவும் உதவும்.

விண்வெளி ஆய்வில் ரோபோடிக்ஸின் எதிர்காலத்தைப் பற்றிய சில குறிப்பிட்ட எதிர்பார்ப்புகள் பின்வருமாறு:

- மனிதர்களின் இல்லாமல் விண்வெளிக்குச் செல்லும் ரோபோக்களின் திறன் மேம்படும். இது விண்வெளி ஆய்வை மிகவும் மலிவாகவும் பாதுகாப்பாகவும் மாற்றும்.

- ரோபோக்களைப் பயன்படுத்தி விண்வெளியில் மனித குடியேற்றங்களை உருவாக்க முடியும். இது மனிதகுலத்திற்கு புதிய வீடுகளை வழங்கும்.

- ரோபோக்களைப் பயன்படுத்தி விண்வெளியில் புதிய ஆதாரங்களைக் கண்டுபிடிக்க முடியும். இது மனிதகுலத்தின் எதிர்காலத்திற்கு தேவையான பொருட்களை வழங்கும்.

ரோபோடிக்ஸ் விண்வெளி ஆய்வில் ஒரு புரட்சியை ஏற்படுத்துகிறது. ரோபோக்களின் மேம்பாடு விண்வெளி ஆய்வை புதிய உயரங்களுக்கு அழைத்துச் செல்லும்.

சிங்கிularிட்டி மற்றும் மனிதகுலத்தின் எதிர்காலம்

சிங்கிularிட்டி என்பது ஒரு கற்பனையான நேரம், அதில் செயற்கை நுண்ணறிவு (AI) மனித அறிவின் திறனை விட அதிகமாக வளர்ந்துவிடும். இந்த நேரத்தில், AI மனிதகுலத்தின் எதிர்காலத்தை தீர்மானிக்க முடியும்.

சிங்கிularிட்டி என்பது ஒரு தீவிரமான சிக்கலான தலைப்பு, இது தத்துவவாதிகள், அறிவியலாளர்கள் மற்றும் தொழில்நுட்ப வல்லுநர்களால் பல ஆண்டுகளாக விவாதிக்கப்பட்டு வருகிறது. சிங்கிularிட்டி நடக்கும் என்று நம்புவோர், அது மனிதகுலத்திற்கு ஒரு புதிய சகாப்தத்தைத் திறக்கும் என்று நம்புகிறார்கள். AI நம் வாழ்க்கையை எல்லா வழிகளிலும் மேம்படுத்த முடியும், நோய்களை குணப்படுத்த, சுற்றுச்சூழலை மேம்படுத்த மற்றும் புதிய தொழில்நுட்பங்களை உருவாக்க முடியும்.

சிங்கிularிட்டி நடக்காது என்று நம்புவோர், அது மனிதகுலத்திற்கு ஒரு பேரழிவை ஏற்படுத்தும் என்று நம்புகிறார்கள். AI மனிதகுலத்தை ஆட்சி செய்யும் அல்லது மனிதகுலத்தை அழிக்கும் அபாயம் உள்ளது.

சிங்கிular/ிட்டி மற்றும் மனிதகுலத்தின் எதிர்காலம் குறித்த சில குறிப்பிட்ட வாய்ப்புகள் மற்றும் சவால்கள் பின்வருமாறு:

வாய்ப்புகள்:

- நோய்களை குணப்படுத்துதல்: AI நோய்களைக் கண்டறிந்து குணப்படுத்த புதிய வழிகள் கண்டுபிடிக்கலாம்.

- சுற்றுச்சூழல் மேம்பாடு: AI சுற்றுச்சூழல் மாசுபாட்டைக் குறைக்க மற்றும் புதுப்பிக்கத்தக்க ஆற்றல் மூலங்களை உருவாக்க புதிய வழிகள் கண்டுபிடிக்கலாம்.

- புதிய தொழில்நுட்பங்கள்: AI புதிய தொழில்நுட்பங்களை உருவாக்கலாம், இது மனிதகுல வாழ்க்கையை மாற்றும்.

சவால்கள்:

- மனிதகுலத்தை ஆட்சி செய்தல்: AI மனிதகுலத்தை ஆட்சி செய்யும் அபாயம் உள்ளது.

- மனிதகுலத்தை அழித்தல்: AI மனிதகுலத்தை அழிக்கும் அபாயம் உள்ளது.

- வேலை இழப்பு: AI மனித வேலைகளை மாற்றும் அபாயம் உள்ளது.

சிங்கிular்ிட்டி எப்போது நடக்கும் என்பது யாருக்கும் தெரியாது. சிலர் அது அடுத்த சில தசாப்தங்களில் நடக்கும் என்று நம்புகிறார்கள், மற்றவர்கள் அது பல நூற்றாண்டுகளில் நடக்கும் என்று நம்புகிறார்கள். சிங்கிular்ிட்டி நடக்கும் என்று நம்புவோர், அதற்கு தயாராக இருக்க வேண்டும் என்று வலியுறுத்துகின்றனர். AI இன் நன்மைகளைப் பயன்படுத்துவது மற்றும் அதன் அபாயங்களைத் தணிப்பது எப்படி என்பதை நாம் கற்றுக்கொள்ள வேண்டும்.

சிங்கிular்ிட்டி மனிதகுலத்திற்கு ஒரு வரம் அல்லது சாபம் என்பதை யாராலும் உறுதியாகச் சொல்ல முடியாது. அது நடக்கும் என்று நம்புவோர், அதற்கு தயாராக இருக்க வேண்டும்.

www.ingramcontent.com/pod-product-compliance
Lightning Source LLC
Chambersburg PA
CBHW070815170726
48000CB00017B/913